PROBIOTICS
the Messenger of
Human Health

益生菌
人类健康的使者

周晴中 / 编著

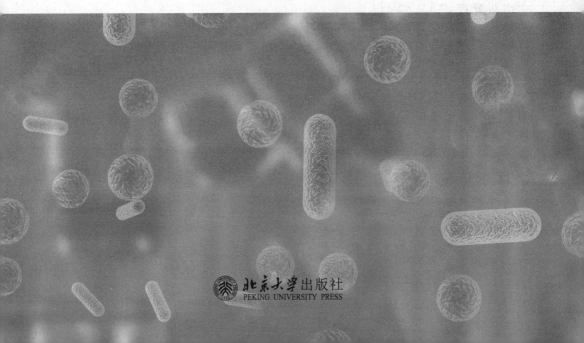

北京大学出版社
PEKING UNIVERSITY PRESS

图书在版编目（CIP）数据

益生菌：人类健康的使者/周晴中编著. —北京：北京大学出版社，2020. 9
ISBN 978-7-301-31535-4

Ⅰ. ①益… Ⅱ. ①周… Ⅲ. ①乳酸细菌 Ⅳ. ①Q939.11

中国版本图书馆CIP数据核字（2020）第149715号

书 名	益生菌：人类健康的使者	
	YISHENGJUN: RENLEI JIANKANG DE SHIZHE	
著作责任者	周晴中 编著	
责任编辑	黄 炜 曹京京	
标准书号	ISBN 978-7-301-31535-4	
出版发行	北京大学出版社	
地 址	北京市海淀区成府路205 号 100871	
网 址	http：//www. pup. cn 新浪微博：@ 北京大学出版社	
电子信箱	zpup@ pup. cn	
电 话	邮购部010-62752015 发行部010-62750672 编辑部010-62764976	
印 刷 者	天津中印联印务有限公司	
经 销 者	新华书店	
	730毫米×980毫米 16开本 14.25印张 200千字	
	2020年9月第1版 2024年7月第7次印刷	
定 价	48.00元	

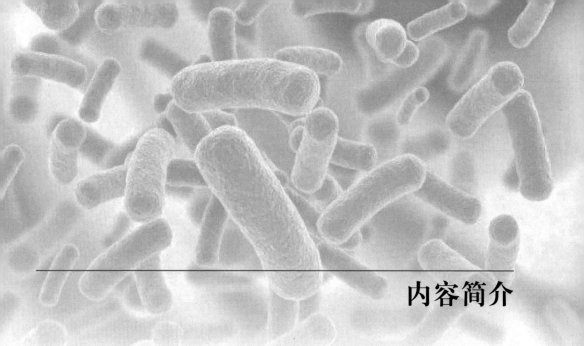

内容简介

继"人类基因组计划（HGP）"后，2007 年又提出"人体微生物组学计划（HMP）"，肠道菌群研究已经成为生命科学研究的一大热点。抗生素滥用对人类健康和生态环境造成了严重威胁，为应对这一挑战，用生物疗法替代化学药物疗法的新科技手段正不断出现，益生菌研究就是其中重要的一员。

本书是作者参考期刊上发表的相关文献及根据教研生涯中所积累的经验和体会而编写的科普类书籍。本书共分为十个章节，重点介绍了益生菌的健康功效，益生菌在疾病治疗方面的研究进展，益生菌对相关疾病的作用机制，益生菌的相关应用以及益生元的生理功能、作用机制、制备和应用。最后介绍了益生菌应用过程中的问题及益生菌的研究技术和发展。

本书可作为生物、医学、食品等相关专业科研工作者的参考书，同时也适合普通读者阅读，可丰富人们对益生菌的基础知识、生理功能及最新研究动向的了解。

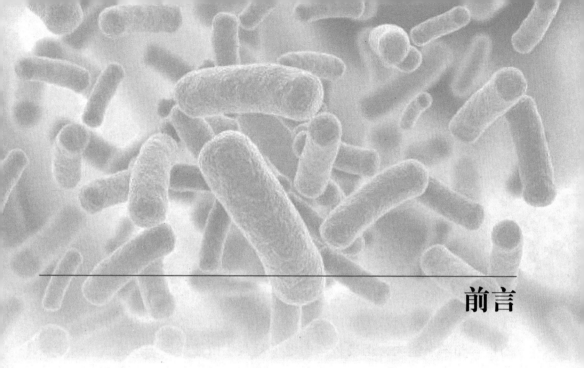

前言

　　2000年6月，当人类基因组计划完成时，整个科学界都为之轰动，人类全部遗传信息的破译，将使人类对自己的认识更加深刻。当一些科学家研究基因工程时，有更多的生命科学家的研究指向了一个曾被忽视的领域——益生菌。这些研究发现，不同肠道微生物的结构和组成影响着人体的营养物质加工、能量平衡、胃肠道发育、免疫功能等重要的生理活动。从人类出生的那一刻起，肠道菌群就在调节机体新陈代谢、维持机体健康等方面起着重要作用。由此，肠道菌群已被研究者视为人体"隐藏的器官"、人体第二大脑（腹脑），其重要性可与肝和肾等相比。正常情况下，成人肠道菌质量约1～1.5 kg，编码330万个特异基因，是人类基因组编码基因总数的100～150倍，肠道菌群逐渐被认为是连接基因、环境和免疫系统的重要纽带。因此，肠道菌群又被称为人类的"第二基因组"。肠道菌群很复杂，依赖现有的培养技术，已知的细菌所占比例还不足总数的10%，必须投入更多的精力、采用新的研究方法深入研究。继2007年美国首先提出"人体微生物组学计划"以来，肠道菌群的研究已经成为了一大热点话题。大量研究表明，肠道微生态失衡是多种慢性疾病发生发展的重要原因，医学、食品科学等各个领域的专业人士对肠道菌群与疾病的关系产生了浓厚的兴趣，越来越多的科研工作者投入到益生菌的研究当中。

随着人们对益生菌了解的日益深入，益生菌保健食品、益生菌药品等相关产品越来越多地进入百姓的生活中。关于益生菌的研究已跨越食品科学、微生物学、医学、营养学、免疫学和肠道健康科学等多个领域，消费者虽然对益生菌产品逐渐认可，对有关益生菌的知识也有一定的检索和学习能力，但要较全面地了解益生菌还需要一个过程。关于益生菌的研究已引起科技界、产业界的格外关注，益生菌产业迎来了基础研究与技术应用百家争鸣的时代。益生菌作为常见保健食品的原料，近年来发展迅速，关于益生菌与健康的国际研讨会不断召开，这进一步推动了益生菌的学术交流与产业发展。

我国益生菌产业从借鉴和学习国外相关基础研究开始，逐渐摸索出一条适合我国国情的发展之路。市场上琳琅满目的与益生菌相关的创新产品层出不穷，益生菌在酸奶及乳酸菌饮料中的应用已日趋成熟，益生菌保健食品和医院开出的益生菌药品越来越常见，生产商选育菌种并规模化生产的能力也不断提升。要想使益生菌的诸多研究成果更多、更好地惠及百姓，需要重点考虑的问题主要有如何使益生菌落地应用，如何普及益生菌的相关知识，如何准确认知并总结益生菌的功能、应用及发展前景等。本书参考国内期刊上发表的有关益生菌的文章做了综述，帮助人们认识到肠道菌群与人体健康密切相关，更深入地了解益生菌的健康功效以及益生菌在疾病治疗方面的研究进展，同时帮助人们更加科学地利用益生菌及其相关产品来维护身体健康。

我国益生菌行业是大健康产业中增长速度比较快的行业，人们对益生菌的需求范围广泛，不管是儿童、中老年人还是年轻人都开始注重补充益生菌。一项针对消费者认知的调查显示，有94.6%的消费者认为益生菌类产品是健康食品。受国家相关标准和法规的支持，越来越多的乳酸菌可作为普通食品原料来使用，尤其近几年相关产业已开始呈井喷式发展，除乳酸菌、双歧杆菌外，菌种目录在不断增加。人体内99%的营养素是通过肠道而来，人体70%的免疫力量也是在肠道。如今很多重病患者都在食用营养食品来补充蛋白质、维生素和矿物质，有的病人可以消化吸收这些营养食品，而有的病人却不能，其根本原因在于其脾胃功能较差，而调理脾胃的重点就是改善肠道菌群。营养食品一定要先养菌，后固肠，再养人。只有让菌群先活了，并在肠道稳固定植了，然后才能更好地吸收利用营养物质。益生菌是营养食品到达肠内实现更好的消化吸收所必不可少的成分，具有一定的不可替代性。若将益生菌和营养食品、保健品、药品结合起来，将会对人体健康有很强的增进作用。

近年来，益生菌对人体健康的重要作用得到了更加深入的阐释，益生菌拥有"营养与健康"的双重作用，越来越被消费者接受和认可。我国益生菌研究领域的科研工作者们，数十年如一日地坚守与执著，从一路跟跑到与国际前沿齐头并进，努力探索益生菌功能及其应用的核心与关键技术，奋战在助力健康中国、服务国人营养健康的战线上。关于益生菌的研究成果层出不穷，尤其是益生菌的作用机制及其对人体健康的影响，即益生菌如何通过影响肠道菌群，以达到降血脂、降血糖、提高免疫力以及预防相关疾病的作用，成为诸多科学家研究的热点。益生菌在其优势菌株选育以及产业化应用方面的技术创新，促进益生菌在乳制品、传统食品以及保健食品中的广泛应用，将成为未来的研究趋势。益生菌制品的好坏首先取决于菌种和菌株的选择。传统的益生菌菌种在安全应用上已有很长的历史，大多数菌种被认为是没有致病可能性的共生微生物体，且绝大部分分离自健康人体的肠道。除了应用传统的这些菌种外，目前益生菌的研究还针对人体的一些疾病，利用技术优势和基因工程，开发新的具有特定功能的菌种。我们希望阅读本书后，人们在选用益生菌产品增进健康时，会针对自己的身体状况，科学合理地利用益生菌及其相关产品。希望本书能为与益生菌有关的大健康事业贡献一份力量。

在本书的写作过程中得到了吴磊营养师的大力协助，特表示感谢。限于编写水平，本书错误在所难免，错误和不妥之处恳请专业人士和读者批评指正。

周晴中

2019年8月

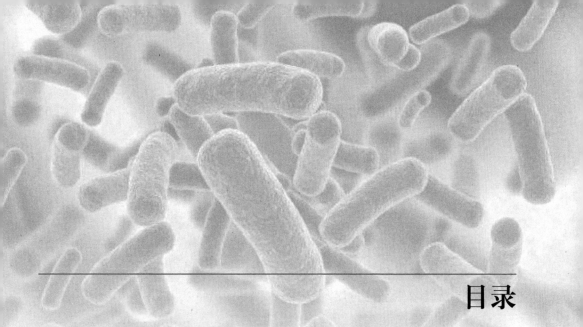

目录

第一章

肠道菌群是人体的重要组成部分

在过去15年，测序手段、生物信息学及宏基因组技术的快速发展，使探索肠道微生物的组成和功能成为可能，并由此涌现出许多举世瞩目的研究成果。目前，肠道菌群研究已发展成为生命科学、食品营养学、微生物学和医疗保健等众多领域的研究热点。据报道，2013—2017年，专注于肠道微生物的论著多达12 900篇，仅2017年围绕肠道微生物就有4000余篇学术论文发表，这侧面反映了肠道菌群研究的重要性和必要性。肠道菌群帮助宿主消化食物中的营养物质，同时参与人体系统性的生理活动，与人体健康息息相关。

健康的肠道微生态表现为菌群众多，结构复杂且稳定，并能够抵抗外环境压力（如药物、食物、人体的生理改变等）所导致的一系列影响菌群结构和定植的因素。不健康的肠道微生态则表现为菌群多样性降低、有益菌比例降低、致病菌的含量增多、菌群结构发生剧烈变化以及对外环境压力的抵抗力丧失等。

人体微生物基本上附着于宿主的黏膜表面，大多寄存于胃肠道中。肠道微生物数量庞大，组成结构复杂，其中厌氧性细菌占绝大多数。肠道中的益生菌在调节机体营养物质代谢、拮抗病原菌在肠道定植、维持肠道免疫屏障等方面发挥重要作用。人体肠道内有益菌的种类和数量的多少，在一定程度上反映着人体的健康状态。肠道菌群与疾病的研究虽然有长久的历史，但近十余年呈井喷式爆发。

一、肠道菌群——不能忽视的存在

（一）肠道菌群与人体互惠共生

肠道菌群与人体是密不可分的互惠共生关系。从严格意义上讲，人不是独立的生命，而是和细菌共生的复合生命。所有的高等动物都伴随着复杂的微生态系统，这微生态系统主要由细菌组成，也包括病毒、真菌和原生动物等。细菌是人体内环境中不可缺少的组成部分，它们中的大多数与人体在漫长的协同进化过程中形成了共生关系，人体相当多的功能是依靠细菌来完成的，人体的健康与菌群的结构和数量息息相关。一方面，人体选择性地让某些细菌定植于肠道，并为其提供适宜的栖息环境。另一方面，肠道菌群的存在，对机体具有重要的功能，如分解食物中难消化的糖类和蛋白质，帮助消化和吸收营养素，生成人体需要的维生素；通过自身代谢产生具有杀菌作用的物质，如短链脂肪酸、过氧化氢和细菌素等。肠道中的微生物及其代谢产物还能促进肠黏膜免疫功能的完善，参与人体的多种代谢。同时，肠道正常菌群与肠黏膜共同构成肠道的生物屏障，即定植抗力，提供"屏障效应"，阻止病原菌的定植和侵入。有益菌通过占位效应、营养竞争及其所分泌的各种代谢产物等，抑制致病菌的过度生长以及外来致病菌的入侵，从而维持肠道的微生态平衡。当肠道菌群的菌种间比例和数量发生大幅变化，超出正常数值时，人体健康就会亮红灯，出现腹泻、大便不成形、便秘、口臭、少食、胃口不佳、恶心、疲倦、乳糖不耐受、水土不服、肥胖等症状和糖尿病等代谢疾病和免疫力低下导致的各类疾病。

在每个人的肠道中栖息的细菌质量约为1～1.5 kg，占人体总微生物量的78%（其他微生物存在于人的口腔、生殖器官、耳、鼻、皮肤毛孔等处）。肠道微生物种类繁多，包括细菌、古生菌、真菌和病毒等，其中，细菌可分为益生菌、中性菌和有害菌三类。已发现的肠道菌群至少有50个门[①]，1000～1150种（这个数据还在随着检测技术的不断进步而增加），数量都超过1000×10^{12}个，是人体细胞总数的10倍，主要为厚壁菌和拟杆菌，其次为放线菌、变形菌和疣微菌。在所有细菌中，拟杆菌、柔嫩梭菌、乳酸菌以及双歧杆菌是四类与人体健康密切相关的优势菌。肠道正常菌群主要由厌氧菌、兼性厌氧菌和需氧菌组成，其中专性厌氧菌占90%以上。

肠道微生物是代谢物、激素以及神经介质的重要来源，可直接调节肠道功能，间接对肠外器官如肝、脑、肾等的功能有调节作用。正常状态下，肠道菌群相对稳定，在肠道内存在共生与拮抗的作用，参与人体各种生理和病理过程。由于胃酸、胆汁作用，小肠液流量大、肠道蠕动快，胃、十二指肠、空肠中细菌的种类及数量极少，主要为革兰氏阳

---

① 微生物按界、门、纲、目、科、属、种分类，不同来源的同一菌种为不同的菌株，如唾液链球菌K12属于细菌界、厚壁菌门、芽孢杆菌纲、乳杆菌目、链球菌科、链球菌属、唾液链球菌K12菌株。由于科及科以上的划分在细菌学中还不太完善，细菌中常用属和种来命名。细菌的命名按国际细菌命名法则规定，学名用拉丁文，遵循"双名法"，即每一种细菌的拉丁文名称由属名和种名两部分构成，如大肠杆菌，属名+种名为*Escherichia coli*；对于多个同属的细菌，除第一个外，其余的属名可缩写，如大肠杆菌写成*E.coli*；若只确定属名未确定种名，则以属名+sp.表示，如*Salmonella* sp.；若有若干只确定属名未确定种名的菌株，则可用属名+spp.表示，如*Salmonella* spp.；亚种用subsp.表示。

性需氧菌，如链球菌、葡萄球菌和乳酸杆菌；而回肠末端由于肠液流量少，蠕动减缓，细菌数量逐渐增加，主要为乳酸杆菌、大肠杆菌、拟杆菌和梭状芽孢杆菌等；在结肠中细菌数量明显增加，主要为厌氧的双歧杆菌、拟杆菌、乳酸杆菌，而潜在的致病性梭状芽孢杆菌和葡萄球菌很少。人在出生前，肠道是无菌的，出生后几个小时肠道即可检测到来自母体阴道和粪便的细菌。在婴儿随后的生长过程中，肠道菌群与其喂养方式关系密切。一般来讲，肠道菌群自断奶后将一直保持相对稳定，以至于某些菌株始终可从收集来自胃肠道的样本中检测到。不过每个人的肠道菌群又有其个体差异，影响正常人胃肠道微生物菌群稳定性的因素包括胃液酸度、胃肠动力、胆盐、免疫防御因素、结肠pH和微生物之间对营养和肠道结合位点的竞争。

（二）肠道菌群有好有坏

肠道菌群分为益生菌、中性菌和有害菌，益生菌和有害菌的菌群微生态平衡对人体健康十分重要。现已发现95%的人体疾病与肠道菌群微生态的平衡有关。益生菌是对人体有益的细菌，如双歧杆菌和乳酸菌。有研究指出，体魄强健的人的肠道内益生菌比例高达70%，普通人则为25%，便秘人群减少到15%，而癌症病人肠道内的益生菌比例只有10%。有害菌是对人体有害的致病菌（隐形杀手），如阴沟肠杆菌（使人变胖）、一些芽孢杆菌、产气荚膜梭菌等，会产生对人体有害的物质。中性菌在一般情况下对人体无益也无害，但当益生菌减少，有害菌增多时它们可变为有害菌，是条件致病菌（以大肠杆菌为主），可谓"墙头草"。肠内就那么多容纳空间，肠道内益生菌和有害菌的关系是此消彼长的，益生菌多了，有害菌就减少。当益生菌多了，就容易达到使人体健康所需要的肠道菌群平衡。比如，中老年人补充益生菌，益生菌可定植于其肠道，显著提高肠道内有益菌群的水平，同时降低有害菌群的水平，显著改善肠道菌群结构，使其肠道菌群年轻化。

（三）益生菌维护肠道菌群的平衡

肠道内的微生态平衡是指微生物之间、正常微生物与宿主之间在不同阶段及不同部位通过动态生理组合形成的相对稳定的平衡。菌群失衡是指由于宿主自身变化、外环境的影响，导致机体某一部位正常菌群中的各种细菌出现质和量的有害变化。一旦由于外部或内在因素，正常的肠道微生态平衡被破坏，即可出现暂时或持久的菌群失调、肠道功能障碍，甚至表现出明显的临床症状。随着人类生活方式的跨越式变化，人类肠道菌群的进化程度在一定程度上已难以适应现代的生活方式。各种应激状况的出现、膳食结构和进食习惯的改变、药物的服用都对肠道微生态平衡直接产生了影响，进而影响肠道的正常功能。人要保持健康，不是要在无菌的环境中生存，而是在身体菌群平衡发生某种偏离时，有能力使体内的细菌种群和相对数量之间重新建立平衡。

世界卫生组织早在2005年就指出，肠道微生态失衡已成为全球化问题，而解决这一问题的有效途径之一是在食品中添加益生菌。用益生菌维护肠道菌群的平衡，将直接和间接有助于人体的健康，有益于不少疾病的预防和治疗。众多研究已证实不同患者肠道菌群表现出菌群差异，以及改变肠道菌群结构后导致的许多疾病等，由此肠道菌群与人体疾病发生有重要联系已成为广泛认识。

（四）基因型差异和饮食习惯等影响人体肠道菌群的平衡

影响肠道菌群结构与特征的因素很多，主要包括人体基因型差异、饮食习惯、生活方式及生活环境。基因型是导致个体间菌群结构差异的主要因素之一。研究发现，中国健康人群的肠道菌群中，考拉杆菌属的细菌是含量最多且个体差异最大的。蒙古族人有特殊的肠道菌群，其中富集了参与抗炎症作用的柔嫩梭菌及产丁酸盐的类粪肠球菌。在症状性动脉粥样硬化患者肠道中富集的产气柯林斯菌，在蒙古族人肠道中也有富集，这解释了蒙古族人心血管和脑血管病高发的原因，这与他们独特的遗传特征、饮食习惯及居住环境息息相关。除基因型之外，饮食也是影响肠道菌群结构的重要因素之一，饮食结构发生改变，可以引起机体肠道菌群结构的显著性变化。动物性食品对机体肠道菌群的影响要比植物性食品的影响大得多。稳定的饮食结构是稳定肠道菌群构成的基础。

从1965年到2010年，科学家进行了至少3500项关于益生菌的临床研究。对益生菌与过敏、腹泻、癌症的关系以及对免疫力、女性健康方面的影响进行了深入的探索，拓展了人们对细菌种类、数量、作用机理及安全性等方面的认识。肠道菌群的组成受饮食、抗生素类药物的使用以及环境等因素的影响，其中以饮食因素影响最大。有人研究长期在一起生活的夫妻，有夫妻相，即长得越来越像，就是因为饮食相同，使人体内的肠道菌群趋于一致而影响了长相。直接服用富含益生菌的制剂或者含益生菌的发酵乳制品，可以将大量活性益生菌送到人体肠道，从而直接并有效地对人体肠道菌群的组成产生影响。饮食对肠道菌群及人体健康的影响最为直接，这里的饮食并非狭义地指为人体日常生命活动提供能量的食品，而是包含通过饮食、饮水等方式进入消化道的各种物质，其中也包括药物等化学物质。与肠道微生态紊乱相关的疾病如肠易激综合征、肥胖、糖尿病、结肠癌等，其病发的根本原因大都与饮食有分不开的联系。

二、肠道——人体十分重要的器官

肠道中的微生物种类繁多，数量极大，因此肠道也被誉为"人体最大的加油站""人体最大的排污厂"以及"人体最辛苦的器官"，这些都得益于肠道菌群的功劳。肠道菌群的代谢能力等同于肝脏，因此它又被视作"机体的额外器官"，影响人体的生理代谢。肠道菌群作为一个复杂的动态系统，通过与机体长期的协同进化及与环境等的相互作用，维持着机体的生理平衡。

（一）肠道是人体最大的营养器官

人一生中摄入的食物，约为70 t，都要由肠道处理，所需的营养物质绝大部分由肠道消化吸收，人体内99%的营养素是通过肠道吸收而来，在肠道内营养素代谢水平远远超过肝脏。在肠道中，益生菌参与人体的营养物质吸收、代谢等。众所周知，很多重病患者通过食用特种食品来补充蛋白质、维生素和矿物质，但有的病人可以消化吸收这些营养物质，而有的病人却不能。虽然一些高营养的食品、功能性营养品的研发做得很好，产品性价比也高，但有的病人吃了就是不管用，其根本原因在于这些病人的脾胃功能差。脾胃为后天之本，而调理脾胃的重点就是改善肠道益生菌菌群。这时适当的益生菌的补充将有助于营养物质在肠道内的吸收。

（二）肠道是人体最大的排毒器官

人体80%以上的毒素由肠道排出体外。人一生中要排出约4 t的大便，这其中有1/3是肠道细菌，常见的细菌约有30～40种。人体自身代谢物、一些药物代谢物、内源性物质，包括由肝脏排出的胆色素衍生物、某些金属（如钙、镁、汞、铅等）和毒素，也都经由肠壁排至肠腔，随粪便排出体外。

（三）肠道是人体最大的内分泌器官

在胃肠道的黏膜内存在有数十种内分泌细胞，它们分泌的激素统称为胃肠激素。胃肠激素的化学成分为多肽，可作为循环激素起作用，也可在局部起作用或者分泌入肠腔发挥作用。胃肠道黏膜面积大，所含内分泌细胞数量多，故胃肠道是体内最大的内分泌器官。胃肠道拥有人体内最多的神经内分泌细胞，种类也多，人体70%神经递质源自肠道。它们常以单个细胞夹杂在胃肠上皮内，也可三五成群，或产生不同产物的细胞分布在同一部位，分泌相同或相似物质的细胞分布在不同部位，十二指肠是其密集之处。

（四）肠道是人体重要的免疫器官

人体70%的免疫力来自肠道，因为人体70%的免疫球蛋白IgA聚集在肠道中。肠道菌群参与免疫系统的发育及抵抗外来病原体入侵。在人的一生中，95%以上的感染性疾病直接或间接与消化道有关。

肠道黏膜面积约有一个网球场大，它的结构和功能使其成为一个强大的黏膜免疫系统。肠道黏膜免疫系统包括肠道相关淋巴组织、淋巴细胞及免疫因子。淋巴细胞主要集中在三个区域：上皮细胞层、固有层和集合淋巴结。肠黏膜作为人体的重要防线，承担着抵抗摄入食物中所携带的致病菌及食物消化后生成的毒性物质的重要生理功能。致病菌及食物消化后生成的毒性物质可作为抗原物质，刺激肠道淋巴组织产生免疫应答。其中最直接的反应就是使肠道产生大量分泌型免疫球蛋白，阻止抗原入侵机体，同时阻断致病菌对肠道黏膜的损伤，预防入侵性炎症疾病的发生。肠道中的益生菌则能够促进巨噬细胞的吞噬功能，使自然杀伤（NK）细胞活性增加，增加非特异性免疫的作用；益生菌还可促进特异性免疫中的细胞免疫和体液免疫。细胞免疫即T细胞受到抗原刺激后，分化、增殖、转化为致敏T细胞，当相同抗原再次进入机体，致敏T细胞与抗原发生特异性结合，对抗原产生直接杀伤作用。肠上皮淋巴细胞主要是CD8 T细胞（可以识别并杀死黑色素瘤细胞的免疫细胞，被认为具有根除肿瘤的潜力），自然杀伤活性强，对病毒感染有免疫监视的作用。肠道中的乳酸菌能使肠上皮淋巴细胞毒活性增强，并能诱生多种淋巴因子，其中白介素-10（IL-10，一种炎症与免疫抑制因子）能增强单核巨噬细胞的吞噬。体液免疫即以效应B细胞产生抗体来达到保护目的的免疫机制。肠道中的益生菌通过改善肠黏膜屏障功能，促进特异性和非特异性免疫球蛋白IgA抗体的产生，增强免疫系统的功能。

（五）肠道是人体重要的病菌感染防线

与肠道菌群最直接接触的肠黏膜，被喻为人体最重要的防线之一。肠道菌群结构遭到破坏会导致肠道微生态失调，菌群与肠黏膜的正常交流被破坏，使得肠上皮细胞发生病变，严重者可导致肠道黏膜通透性加大，使细菌毒素能通过肠黏膜进入血液循环，导致内毒素血症。内毒素血症会引起全身性多种炎症反应，如人体结肠、胃部、食道、肝脏、乳腺等组织由于致病菌感染而引起炎症反应，而炎症则又加剧了微生态紊乱状态，严重时会威胁人体生命健康。炎症与菌群失调叠加，又会增加肿瘤的发生概率。

三、肠道微生态平衡是人体健康的保证

肠道菌群与肠黏膜及肠淋巴组织长期相互作用而建立的良好稳态环境对维持人体健康十分重要。其中的益生菌能够预防、缓解或治疗多种消化道疾病、与消化道相关的疾病，以及一些非消化道疾病。益生菌对消化道疾病如炎症性肠病、旅行性腹泻、肠易激综合征、与抗生素相关的腹泻、结肠癌等有辅助治疗作用。如有人喝含益生菌的酸奶可缓解一些腹泻症状，就是由于酸奶中的益生菌使体内菌群重新达到新的平衡，实现症状缓解与治疗的目的。益生菌还可以预防、缓解或治疗一些非消化道疾病，如代谢综合征、肥胖等引起的代谢性疾病，非酒精性脂肪肝、肝硬化、泌尿生殖道感染、呼吸道感染、关节炎等。肠内的菌群失衡还会影响血脂代谢、血黏，甚至会影响全身的免疫力。

（一）亚健康群体肠道微生物菌群的特点

人体在健康状态和疾病状态之外，还有第三种状态，学者称之为亚健康状态。亚健康状态是机体代谢失衡的外在表现，处于亚健康状态的人不仅具有精神、饮食及睡眠等方面的异常，而且伴有严重的内分泌代谢紊乱。调查发现，青壮年由于生活不规律，多数亚健康人群以青壮年为主。结合诸多研究发现，亚健康人群的肠道微生物菌群与正常人群的菌群有明显差异，不仅反映在菌群的种类上，而且同类菌群的数量也相差甚远，这对身体健康影响极大。肠道微生物的活动与机体代谢有着密切关系，通过影响神经、内分泌、免疫或血液系统等影响着人体的新陈代谢。紊乱的肠道内环境和亚健康体质往往相互影响，导致人体免疫力进一步降低。亚健康人群肠道内环境紊乱，非益生菌代谢产生大量的酸性物质，使肠道的pH降低，酸碱失衡，较低的pH不适宜益生菌的生存，进一步影响身体的健康。

根据世界卫生组织的一项全球性调查发现，完全符合健康标准的人群仅占5%，已确定患有疾病的人群占20%，而既不符合健康标准，又未患病的亚健康人群占75%。在我国约有15%的人群是健康的，15%的人群属于患病的，处于亚健康状态的人群高达70%。亚健康状态是人机体功能失去平衡的表现，这平衡包括"天人合一"的宏观生态平衡和正常菌群与机体的微生态平衡。通过微生态制剂和肠道正常菌群的补充可以对这两种失衡进行调节，使机体由亚健康向健康方向转化。

（二）肠道微生态的影响因素

作为机体内最大的微生态体系，肠道微生态平衡亦具有生理性、动态性、系统性的特点，且其具体的表现形式在不同分娩方式、喂养方式的婴幼儿，及不同年龄、不同地域、不同运动习惯的人群中具有一定的差异，呈现明显的群体个性化特征。

（1）分娩方式。消化系统内定植的初始化肠道菌群的结构与分娩方式紧密相关。顺产婴儿初始化肠道菌群与母体阴道微生态相似，主要是乳酸杆菌；剖宫产婴儿初始化肠道菌群与母体皮肤微生态相似，主要是葡萄球菌。由不同的初始化肠道菌群结构演变而成的肠道微生态平衡，亦具有不同的表现形式。如有研究表明，在一岁时，顺产与剖宫产婴儿的肠道菌群结构具有明显的差异性，后者有特异性的噬氢菌属和口腔杆菌属。

（2）喂养方式。母乳与配方乳在营养要素、免疫因子等成分上存在差异，因此它们对肠道菌群结构的调整作用会有所不同，从而导致不同喂养方式的婴幼儿的肠道微生态平衡也会有差异。母乳喂养1～6个月的婴儿，其肠道菌群以肠杆菌科、韦荣球菌科和拟杆菌科为优势菌群；人工喂养和混合喂养的婴儿，其肠道菌群以肠杆菌科和链球菌科为优势菌群。

（3）年龄影响。年龄的增长、人体生理机能及免疫系统的变化均可影响肠道微生态的平衡。因而，不同年龄的人群，其肠道微生态平衡的表现形式显著不同。对健康者的肠道微生态的研究表明，肺炎克雷白杆菌和肠杆菌较常见于15岁以下的儿童，而奇异变形杆菌常见于老年人（69～89岁）。

（4）地域影响。在不同地域，人群的饮食结构、饮食习惯彼此存在差异。不同的饮食结构对肠道微生态的平衡具有显著影响。有研究表明，以有机蔬菜为主的饮食结构可促进肠道菌群多样性的提高，而生鲜牛奶可降低肠道内的菌群种类，但可促进梭状芽孢杆菌及真杆菌的显著增长。由此可见，基于不同的饮食结构，不同地域人群的肠道微生态会表现出不同的结构特征。

（5）运动习惯。运动对肠道微生态系统平衡的影响，可通过对机体生理状态的调整来完成。对中长跑运动员的研究表明，不同运动个体存在其个体特征菌群，且不排除新型菌群的出现。

（三）肠道微生态失调的原因

微生态失调是指正常微生物群与其宿主之间、正常微生物群之间的微生态平衡，在外环境影响下，由生理性组合转变为病理性组合的状态。

（1）外源性因素。外源性因素主要包括以下五方面：① 气候因素。研究指出，高原低氧环境下，交感神经兴奋，肠黏膜下动静脉开放，导致流经肠黏膜的血流减少，进而致使肠黏膜缺血、缺氧，造成肠黏膜损伤、通透性增强，菌群失调，细菌及其产生的毒素穿过肠黏膜而发生易位。② 饮食因素。饮食进入机体消化系统后，可直接影响肠道正常菌群的生存环境，影响其繁殖，从而对肠道微生态施加影响。不健康的饮食习惯会造成胃肠微生态失调。有研究表明，高脂饮食可降低正常小鼠肠道内大肠杆菌、双歧杆菌、拟杆菌和真杆菌的密度。③ 环境污染。重金属污染可造成肠道微生态的紊乱。④ 病原微生物感染。肠道内的正常微生物群落是机体的天然屏障。病原微生物的侵入可打破肠道内的微生态平衡，导致微生态失调。⑤ 食品添加剂的使用。例如，作为常用甜味剂的糖精钠可促进大鼠肠道内需氧菌的繁殖，促使菌群比例失调；植物精油组合具有体外抗菌作用。由此可知，食品添加剂对机体内的肠道微生态具有显著影响。

（2）内源性因素。肠道微生态失调的根本原因在于机体内部。内源性因素导致机体局部损伤或免疫力下降，影响肠道微生态的平衡，继而在外源性因素的作用下菌群发生紊乱。内源性因素主要包括以下三方面：① 营养代谢障碍。有研究指出，葡萄糖代谢终产物的增加、糖代谢异常可改变肠道内环境的pH，间接影响肠道内的厌氧环境，因此老年糖尿病患者肠道内拟杆菌、双歧杆菌的菌群密度较非糖尿病老年人的低。正常小鼠进食高脂饲料后可导致高脂血症的发生，同时伴随着肠道菌群密度、菌群多样性的失调。② 器官功能失调。肾病患者消化吸收功能降低，其肠腔内潴留的氨基酸、蛋白质刺激大肠杆菌的快速繁殖，从而易出现肠道微生态紊乱。主要表现有：双歧杆菌及乳酸杆菌的数量减少，肠杆菌、肠球菌及拟杆菌的菌群密度升高。③ 癌症。消化道肿瘤患者极易出现肠壁水肿、充血等症状，这显著影响了肠道菌群的生存环境，导致乳酸杆菌、双歧杆菌数量的显著减少，粪肠球菌数量的显著增加。

（3）医源性因素。医源性因素主要包括以下三方面：① 药物作用。药物对肠道微生态的影响主要体现在抗生素及其他化学合成药物的应用方面。抗生素的应用，不仅影响致病菌的新陈代谢，还影响正常菌群中敏感菌群的繁殖，导致其菌群密度降低。同时，不敏感菌群大量繁殖，形成优势菌群，致使微生态失调。② 放、化疗作用。放射线可严重损伤肠黏膜，致使肠道上皮完整性被破坏、通透性增强、肠蠕动增加。在这种情况下，肠道内环境的改变可直接影响肠道内定植的正常菌群。细胞毒性药物可直接损伤肠黏膜、增强肠道通透性，进而导致肠道内菌群的紊乱。③ 手术作用。腹腔手术可破坏肠道内的厌氧环境，减弱肠蠕动；消化道手术可导致消化道黏膜水肿、通透性改变、屏障功能减弱，肠道内菌群的生存环境发生变化，从而使肠道菌群紊乱。

（四）肠道微生态该如何保护

健康的肠道微生态对外环境的影响有良好的抵抗力，能够自我维持微环境的稳定。肠道内共生菌的种类及数量，即菌群结构，并不是一成不变的，它会受外部环境的影响。饮食对肠道菌群及人体健康的影响最为直接。保护肠道菌群，首先是平衡膳食，多吃蔬菜、杂粮等富含纤维素的食物，而不是长期吃大鱼大肉、高热高脂饮食，这样才利于肠道菌群生长，从而维护人体健康。其次是规律作息和饮食。肠道菌群在与人体的长期磨合中，形成了自己固定的"生物钟"和"食谱"。只有养成规律的作息和饮食，才能保证肠道菌群不致失调而引发多种疾病。还有一个保护肠道菌群的方便的方法就是服用益生菌制剂，特别是亚健康人群，多进食一些富含益生菌的发酵食物，比如酸奶、发酵豆制品。益生菌的摄入，在一定程度上可壮大肠道共生菌的队伍。最后，要切记不要滥用抗生素。长期服用、滥用抗生素，特别是广谱抗生素，会在杀死致病菌的同时将有益的肠道菌群一并杀掉，对肠道菌群结构造成严重影响，进而破坏肠道菌群平衡。因此，抗生素必须遵照医嘱，规范使用。

四、肠道菌群领域的相关研究

在大量研究的基础上，人们开始认识到人体健康与疾病诊疗始终与肠道菌群相关。从目前所报道的研究结果来看，肠道菌群对人体健康的影响远超过人们最初的预想。肠道菌群参与了人体出生至衰亡的整个生命代谢过程，因此应该在临床诊疗中将肠道菌群作为一项重要的健康指标，并将其纳入辅助医疗的重要课题加以深入研究。饮食对于人体健康的重要性不言而喻，而肠道菌群则是联系饮食和人体健康的桥梁。饮食的改变可以影响肠道菌群的组成、结构和功能，而肠道菌群通过调节肠道中营养物质的代谢又影响着人体的生理状态。因此，通过膳食干预的方法为肠道菌群的调控和重构提供了新的方向和思路。研究发现，通过膳食补充益生菌可调节机体肠道菌群的结构，影响肠道菌群的新陈代谢，并进而影响人体的健康。以糖尿病、心脑血管疾病、痛风等代谢相关疾病，以及感染性肠胃炎、肠易激综合征、肝硬化等疾病发病相关的代谢机理与疾病预警模型为研究对象，已取得进展并开始应用于临床治疗中。益生菌作为主要调节肠道菌群的干预措施，目前在疾病中的研究十分火热，并已取得阶段性成果。

（一）肝肠循环、脑-肠轴、肠-肾轴和肠-脑-皮轴

肠道菌群不但与肠道疾病有关，还与代谢疾病、肝脏疾病、免疫疾病，甚至神经类疾病相关联。许多研究和实践证明肠道健康与全身有关，

是因为人体存在着肝肠循环、脑-肠轴、肠-肾轴和肠-脑-皮轴等机制。

（1）肝肠循环。肝肠循环原指经胆汁或部分经胆汁排入肠道的药物，在肠道中又重新被吸收，经门静脉又返回肝脏的现象。在研究药物的药效时发现，一些药物、内源性物质和有毒物质等经肝转化，会以代谢物或以原形分泌进入胆汁，经胆总管排入十二指肠，其中一部分被小肠重吸收，由门静脉回流入肝，然后再经胆汁排入肠腔，如此往复就形成肝肠循环。肝肠循环的存在，可使有限的胆汁酸重复利用，促进脂类的消化与吸收。肝肠循环在药效学上表现为药物的作用时间延长，如果该药物的肝肠循环被阻断，则会加速该药物的排泄。肠道菌群研究发现，正常情况下肝脏能降解来自肠道的各种毒素、细菌、真菌等。但当肝脏发生疾病时，通过肝肠循环，会使肠道微生态发生显著变化，肠黏膜屏障功能受损，会使肠道通透性增加，肠道菌群及代谢产物大量通过门静脉系统进入肝脏，激活肝脏的非特异性免疫系统，产生大量的炎性细胞因子和趋化因子，引起或加重肝脏的炎症反应，甚至导致肝硬化、肝癌的发生。鉴于肠道菌群在肝脏疾病中的特殊作用，服用适当的益生菌已成为治疗肝脏疾病的新途径。

（2）脑-肠轴。许多研究表明，脑、肠之间存在着一个复杂的神经-内分泌网络，这个网络将脑与胃肠道联系在一起，故被称为脑-肠轴。脑-肠轴是中枢神经系统与胃肠道功能相互作用的双向调节轴，是联络中枢神经系统、肠神经系统、神经内分泌和免疫系统的双向作用通路。在神经传导方面，胃肠道是由中枢神经系统、肠神经系统和自主神经系统共同支配的。肠神经系统既能接受中枢神经系统的调节和控制，同时也具有独立整合信息的功能，其所包括的肌间神经丛和黏膜下神经丛在整个消化道壁内分布广泛、联系密切，故又有"肠脑"之称。肠道菌群通过脑-肠轴与大脑可以进行脑肠互动。一方面由大脑通过神经传导和内分泌调节，对胃肠道正常的消化、吸收过程进行调节，大脑产生的信号能够影响肠道菌群的构成；另一方面肠道菌群不仅影响肠道活动，还影响宿主的脑功能和行为，肠道菌群分泌的化学物质又能够反过来塑造大脑的结构。人类肠道中有着庞大的神经网络，直接与大脑相通。肠道中的神经元大约有1亿个，这也是肠道又被称为"第二大脑"的原因。除神经传导以外，脑与胃肠之间还存在着内分泌激素调节，而这种调节主要是通过脑肠肽来实现的。肠神经系统能合成和释放多种脑肠肽，并将信息传递、整合至高级神经系统。肠道菌群对人体健康的重要作用已体现在全身性的慢性炎症及代谢系统相关疾病中，它们还通过脑-肠轴操控着人体的神经系统与各器官的健康状态。

功能性胃肠病是缺乏器质性病变或其他证据的一组疾病，患者具有腹痛、腹胀、腹泻及便秘等消化系统症状，并常表现为焦虑、抑郁等，严重影响患者的生活质量。脑肠互动异常是功能性胃肠病潜在的发病机制之一。其病理、生理机制是脑-肠轴双向通路发生功能障碍；肠道黏膜免疫反应参与机体的免疫和炎症反应的调控，炎症信号可通过体液、神经系统等传递入脑，进而对身体机能的调控产生影响。如今我们都知道情绪影响胃部功能，这或许是大脑和胃肠道系统之间沟通交流所致。人类肠道菌群也是大脑-肠道交流过程的重要参与者，这种关联使研究人员开始利用"沟通疗法"和抗抑郁药物来治疗患者的一些慢性肠道问题，其主要目的就是通过修复大脑对肠道的错误指令，干扰两个器官之间的交流。"沟通疗法"能够帮助改善抑郁症，并且改善胃肠道疾病患者的生活质量，而抗抑郁药物对患者的肠道疾病及其所伴随的焦虑及抑郁症状均有有益的效果。

肠道中分布有大量淋巴细胞，免疫系统又与中枢神经系统密切相关，因而肠道菌群可通过血脑屏障、细胞对外界信息的感受器（Toll样受体）和IL-1来调节脑的活动和功能。

研究发现，肠道细菌和大脑代谢物之间是通过一种名为皮质醇的化合物来实现沟通的。这种沟通途径的发现提供了一种解释自闭症特征的潜在机制，同时为开展用益生菌配合治疗精神心理疾病的研究提供了理论基础。肠道菌群能够调节大脑的功能以及行为。平衡的肠道菌群可以促进一个人的身心健康，而肠道菌群失调则可能引发肠-脑疾病（如肠易激综合征、炎性肠道疾病和肝性脑病等）和中枢神经系统疾病（如多发性硬化症、阿尔兹海默症、帕金森病和自闭症等）。有研究报道，肠道菌群紊乱，是导致抑郁症、帕金森病等心脑疾病的罪魁祸首。深入了解肠道菌群对一个人行为的影响，有助于人们更好地理解肠易激综合征和多发性硬化症等的发病机理，明确调节和恢复正常肠道菌群的安全有效措施（补充益生菌）是治疗精神心理疾病的重要组成部分。

中医强调整体观念，并十分重视藏象理论，虽未正式提出脑-肠轴理论，但也将此应用于临床，尤其是在脏腑经络的辨证体系当中，应用更为广泛。因此，从脑-肠轴途径来探讨胃肠道疾病，具有非常大的指导意义和临床实用价值。

（3）肠-肾轴。它是指胃肠道与肾脏相互作用，胃肠道与肾脏任何一方发生变化都会通过能量物质代谢、免疫反应、肠黏膜和肠道菌群变化等影响另一方，并可互为因果。总之，肠道、肾之间可以通过代谢和免疫两种路径构成肠-肾轴而相互影响。肠-肾轴理论的产生受"肠肾综合征"概念的启发，此概念首次于2011年的国际透析大会上提出，其有力地证明了肠、肾之间在病理、生理上存在着密切的关系。有研究发现，血透患者因血液在透析机内的暂时"集聚"使有效血容量呈一过性下降，导致肠黏膜出现缺血-再灌注损伤，使其屏障作用受到多种理化因素的冲击而遭到破坏，继发内毒素入血致病，出现心、脑、肾等多个脏器的病变。肠-肾轴理论简而言之就是：肠道功能损伤影响肾脏，肾脏疾病影响肠道功能；肠、肾病变相互作用影响全身。基于肠-肾轴理论的上述研究，使得诸多以肠道为切入点治疗慢性肾脏病的方法应运而生，事实证明也确有疗效。

（4）肠-脑-皮轴（肠道-大脑-皮肤轴）。患有心理和精神疾病的人群同时患有皮肤问题的比例非常高，通过检测肠道菌群的组成发现，这些患者的肠道菌群的构成与健康人存在明显不同。在实施了针对肠道菌群的干预措施后，随着肠道菌群良好状态的恢复，患者的精神状态和皮肤症状均会随之改善。科学家将肠道状态、肠道菌群以及心理疾病与皮肤疾病的关联称作肠道-大脑-皮肤轴。肠道菌群可影响皮肤疾病的发生，并且精神状态与肠道菌群状况可反映皮肤健康状况；反之，皮肤状况也可作为精神状态和肠道菌群状况的评估参照。从肠道菌群的角度分析了皮肤病的发病机理，围绕肠-脑-皮轴来寻找皮肤病的发病原因，并以此进行皮肤疾病的预防和干预，或许将成为治疗此类疾病的重要方向。

饮食也可通过肠-脑-皮轴影响皮肤。不当饮食可直接引起痤疮。服用乳杆菌可抑制由压力引起的皮肤炎症。益生菌具有改善肠道屏障功能、恢复肠道微生态健康、刺激人体免疫系统和对抗炎症等作用，在皮肤疾病的防治方面有一定作用。

总之，肠道菌群、肠道、大脑和皮肤并不各自独立，而是相互密切关联的复合系统。未来皮肤病的治疗趋势将采取多种影响肠-脑-皮轴的干预措施，并综合运用饮食、益生菌、益生元、药物和心理干预等方式。肠-脑-皮轴的研究为皮肤和精神疾病提供了新颖而清晰的干预和治疗方向，具有重要的理论和应用价值。

（二）肠道微生态的检测方法

肠道微生态的检测内容主要包括肠道菌群的数量、种类和组成。在对疾病、个体肠道菌群差异分析的基础之上，通过检查肠道菌群组成的变化，我们可以预测某些疾病的发生并建立能够通过微生物诊断而进行疾病早期诊疗的方法，这是目前肠道菌群研究的热点问题。随着快速、方便的基因测序和多组学技术的出现，肠道菌群的组成和功能改变在许多慢性疾病发生发展中起到的作用日渐清晰。这有助于对疾病进行更好的诊断和治疗。目前报道的益生菌对肠道微生态环境的效应评估主要通过检测粪便中菌群的种类和数量，还有一些其他指标，包括粪便中相关酶的活性、短链脂肪酸的含量、内毒素浓度及肠道pH等。

（1）传统检测方法。传统的肠道菌群检测方法包括细菌的培养鉴定、显微镜观察和生化鉴定等，存在耗时长、要求高、成本高、影响因素多和敏感度低等问题。传统细菌培养法一般采用细菌培养、纯化分离、革兰氏染色、生化反应及血清学实验等方法对细菌进行鉴定，通过倍比稀释和菌落计数来测定活菌数量。在利用传统微生物技术对微生物菌群进行培养时，为了得到微生物纯培养，需要对目的菌株进行富集培养，这样不可避免地造成部分微生物的衰减，人为改变了原始菌群的微生态构成，使菌群结构的研究结果产生较大偏差。

（2）分子生物学技术的检测方法。随着分子生物学技术的发展和核糖体RNA（rRNA）研究的深入，发展出了很多快速、敏感和特异性的新检测方法，特别是近年来高通量测序技术的发展使某些原本难以被检测到的细菌已能被检测到。

目前用于肠道菌群研究的分子技术有rRNA/DNA序列分析、随机扩增多态性分析、温度梯度凝胶电泳、聚合酶链式反应-变性梯度凝胶电泳（PCR-DGGE）等。其中PCR-DGGE是近年来国内外应用比较广泛的技术，是检测微生物多样性的一种有效方法。该方法首先提取出分析样品的细菌总DNA，然后根据16S rRNA基因中比较保守的碱基序列设计通用引物，用来扩增微生物群落基因组总DNA，再对扩增的混合聚合酶链式反应（PCR）产物进行变性梯度凝胶电泳。不同的核酸有不同的序列，大小相同但序列不同的DNA片段在进行变性梯度凝胶电泳时，将停留在凝胶的不同位置，从而混合PCR产物得以分离。电泳条带的数目和密度可分别反映细菌的种类数量和细菌的相对构成比例。如想鉴定细菌，可将某一单一条带切下回收、克隆测序，然后将所得序列与核酸序列数据库中的公开序列进行对比分析。PCR-DGGE技术在揭示复杂微生物区系的遗传多样性和种群差异方面具有独特的优越性，目前已成为分析微生物群落组成和动态变化的有力工具。

（3）宏基因组及宏基因组测序。宏基因组又称元基因组或微生物环境基因组。宏基因组测序是以特定环境样品中全部微生物DNA作为对象进行测序，以此提供广泛和复杂的微生物群落信息。宏基因组学技术的出现为肠道微生态的研究开辟了新的途径。该技术不同于以往对一个单独的标记基因或样品中一段DNA序列的测序，其涵盖了对样品中微生物群落所有菌种的分析，除了识别特异性菌株外，宏基因组测序还可以评估微生物能够发挥的功能。因此，该技术的应用不仅可加强对肠道微生态的认识，还可为探究生命和疾病的本质提供全新的视角。随着宏基因组数据的不断更新，研究人员发现利用粪便中的肠道微生物进行宏基因组标记可进行相关疾病如结直肠癌的早期诊断或癌症筛查，且通过PCR定量的特异性标志物可以对疾病状态进行分类，并通过基因标志物的水平预测患者的存活能力。该技术还为肠道菌群特别是部分益生菌的功能开发与应用奠定了基础。

（4）高通量测序技术。高通量测序技术又称下一代测序（NGS）技术，一次可对数十万到数百万条核酸分子进行测定，快速经济，每个样品可产生高达数百万的读数，缺点是读取长度非常短。三代测序技术是单分子测序技术，测序时无需经过PCR扩增，对每一条DNA分子单独测序。二代和三代测序技术在广度和深度上为宏基因组学研究带来了巨大的变革。近年来有人提出了第四代测序技术——固态纳米孔测序技术。高通量测序技术让全面深入分析复杂的肠道微生物成为可能。

（三）肠道微生态与中医证候的相关性

目前肠道微生态在中医药学领域的研究也颇受重视，关于肠道微生态与中医证候相关性的研究主要集中在脾虚证与肠道菌群的变化关系及健脾方剂对肠道微生态多样性和菌群组成的影响方面。

（1）脾虚证与肠道微生态。脾虚证是中医临床常见的一类证候，是慢性消化系统疾病的主要证型，具体包括脾气虚、脾阴虚、脾阳虚及脾虚兼证。脾主运化，脾虚机体的消化吸收功能出现障碍，表现为纳差、便溏、消瘦等症状，机体各脏器间的平衡遭到破坏，进而导致菌群失调，而肠道菌群的失调又会影响物质的营养代谢，进一步加重脾虚症状。近年的临床及动物实验已证实脾虚证与肠道菌群的变化密切相关。动物实验方面，番泻叶、大黄水煎液治疗所致的脾虚大鼠模型出现了肠道菌群多样性指数下降；大黄煎汁治疗所致的脾虚小鼠模型亦存在显著的微生态失调，肠道乳酸杆菌和双歧杆菌均有不同程度地下降。临床研究方面，对老年脾虚患者肠道菌群16S rDNA变性梯度凝胶电泳分析发现，脾肾阳虚、脾气虚和脾肾阳虚兼脾气虚患者的肠道菌群结构具有明显特征，并与临床诊断结果基本一致；同一证型不同病症、不同临床表征和不同病程的患者肠道菌群结构不同，此研究结果在一定程度上为同病异治提供了依据。证候变化的实质可能与肠道微生态的改变相关，例如，四君子汤能提高利血平所致脾虚大鼠肠道中益生菌的比例，增加肠道菌群的多样性；参苓白术散可改善大黄水煎液所致脾虚小鼠肠道菌群的失调情况。

（2）脾胃湿热证与肠道微生态。脾胃湿热证也是中医脾胃证候中的一个常见证候。研究发现，与健康人比较，腹泻型肠易激综合征脾胃湿热证患者的肠杆菌、肠球菌明显增多，双歧杆菌、乳杆菌、消化球菌明显减少，酵母菌、拟杆菌无明显改变；与脾虚证比较，脾胃湿热证患者肠杆菌、肠球菌、双歧杆菌、乳杆菌、拟杆菌、消化球菌明显增多，而酵母菌无显著性差异。在溃疡性结肠炎脾胃湿热证的肠道微生态研究中也发现，脾胃湿热证与脾虚证患者相比，粪便中的双歧杆菌含量降低，大肠杆菌含量及肠道微生物定植抗力二者无差别。由此可见，脾胃湿热证同样存在肠道菌群的变化，而且其肠道菌群结构有别于脾虚证。

（3）肾阳虚证与肠道微生态。通过对比研究家族性肾阳虚患者与正常人的粪便标本，发现肾阳虚家系都出现较明显的肠道菌群失调，主要表现为有的家族肠球菌、大肠杆菌等肠道需氧菌显著增加，葡萄球菌也显著增加，双歧杆菌显著下降；有的家族乳酸杆菌显著下降。在肾阳虚家族之中，需氧菌与厌氧菌总数比值明显高于正常人，霉菌总数与不同患者的肠道菌群失调程度呈正相关。基于上述临床研究结果，肾阳虚证临床上常可兼见大便久泻不止、完谷不化、五更泄泻等症状，可能与肾阳虚导致肠道菌群失调影响了机体对食物腐熟运化的功能有关。

第二章

益生菌、益生元和合生元

一、什么是益生菌

益生菌（probiotics）源于希腊语"对生命有益"。国际营养学界普遍认可的定义是：益生菌为对宿主有益的活性微生物，是定植于人体内，能产生确切健康功效，从而改善宿主微生物平衡、发挥有益作用的活性微生物的总称。它们主要定植在人体的口腔、肠道、皮肤和阴道中。在竞争消耗病原菌能源物质的同时，代谢生成的抑菌肽等可有效抑制病原菌繁殖，因此，益生菌的研究在口腔疾病、肠道疾病、过敏性疾病、三高疾病、精神学疾病、癌症和女性阴道疾病等的预防、治疗和修复过程中发挥着重要作用。

　　益生菌类保健食品明确规定：益生菌菌种必须是人体正常菌群的成员，可利用其活菌及其代谢产物。益生菌在作为食品添加剂服用时，具有维持肠道菌群平衡、改善肠道菌群结构、促进肠道中有益菌增殖、抑制有害菌生长，进而增强机体免疫力、保持机体健康等作用。它还具有调节治疗腹泻、便秘、肥胖，降低胆固醇，消除致癌因子，缓解乳糖不耐症以及防衰老延年益寿等重要生理功效，对于高血压、高血脂、心脏病、糖尿病及癌症的预防和防治有着重要意义。

　　我们所说的益生菌多指食用后可调节宿主肠道菌群平衡，发挥有益作用，提高宿主健康水平的活菌制剂。死菌体细胞成分或代谢产物也具有与活菌相同的生理功能，因此也有人认为："益生菌是指某种微生物制剂或发酵制品，能通过调节宿主黏膜与系统免疫功能，或通过改善肠道营养与菌群平衡，对宿主产生有益的生理作用。它通过定植作用改变宿主某一部位菌群的组成，从而产生有利于宿主健康作用的单微生物或组成明确的混合微生物。"目前，最常研究的益生菌有乳酸杆菌、嗜酸乳杆菌、双歧杆菌、一些非致病性的链球菌、肠球菌、放线菌和酵母菌等，其中双歧杆菌、乳酸菌和酵母菌是研究最多、应用最广的菌种。

　　在我国，益生菌又称微生态调节剂、益生素等。

（一）益生菌是既古老又现代的物种

　　说益生菌古老，是因为人们从古代就开始食用对人们身体有益的发酵食品。虽然人们很早就知道，摄入发酵的牛奶可以促进消化和吸收，治疗腹泻，但并没有意识到酸奶之所以能治疗腹泻，是因为酸奶中含有乳酸杆菌等益生菌。中国地域辽阔，各地的饮食习惯虽有差别，但均有一个共同点，即喜食发酵食品，例如酸奶、酸菜、泡菜等均为中国各地区的传统食物。而这些发酵食品中都蕴含丰富的乳酸菌，是中国乳酸菌资源的重要来源，也是与中国人人体肠道菌群较为契合的益生菌菌种资源。发酵食品，如腐乳、酸乳酪、酸豆奶、黄酱、纳豆、豆豉、泡菜

（5～20天以上）等，之所以为人们喜爱，主要是因为益生菌在发酵过程中会产生乳酸、丙酸、醋酸等有机酸和醇、酮类物质，这些物质通过相互作用，产生新的风味独特的物质，改善了食品的风味，使口感变得更好，促进人们的食欲。当时人们并没有意识到发酵食品中含有益生菌，才有益于身体健康。在中国只有中医注意到从健康人的粪便提取的肠道微生物，可以治疗腹泻。在中医治病的历史中，记载有为治疗重度肠道疾病的"黄龙汤"，又称"便便疗法"，即是用健康人的粪便提取的肠道微生物，治疗一些腹泻不止、生命危险的病人。

认为益生菌现代，是因为虽然在20世纪初（1907年），著名微生物学家、诺贝尔奖得主梅切尼科夫曾提出一些肠道菌群可以延年益寿的假说，指出将一些物质或微生物添加于动物饲料中，有助于肠道菌群平衡并促进动物生长。但益生菌概念第一次明确提出是在1965年，给出益生菌的明确定义是在1991年。在大量研究工作的基础上，益生菌被定义为：益生菌是以活菌形式提供补充，通过促进肠道微生物的平衡对宿主产生有益影响的微生物。2001年世界卫生组织（WHO）及联合国粮食及农业组织（FAO）专家组给出的定义是：益生菌是指适量给予对宿主健康有益的一些活的微生物。2013年世界卫生组织又将益生菌定义为：当给予足够数量活的微生物时，对宿主健康能产生有益作用的微生物。2002年欧洲食品与饲料菌种协会（EFFCA）给出的定义是：益生菌是活的微生物，通过摄入充足的数量，对宿主产生一种或多种特殊且经论证的功能性健康益处。益生菌的品种鉴定、健康功效、作用机理研究和益生菌制剂的制备在近几十年来才获得了极大的发展，我国益生菌行业也开始进入快速增长期。由于环境污染、工作压力，世界亚健康状态人群、患各种慢性病的人日益增多，这些不正常状态大多数都与肠道微生态失衡相关。而大量研究发现，为解决亚健康、慢性病的问题，服用益生菌是一个相当不错的重要选择。这使人们对益生菌消费的需求变得更加迫切，不管是儿童、老年人还是年轻人都开始补充益生菌，因此带动了大健康产业的增长和发展。近年来，益生菌凭借其安全、可靠、性能优良等特点在疾病的预防、治疗和重症修复过程中受到越来越多的关注。

（二）益生菌类食品正风靡世界

自20世纪90年代以来，形形色色的益生菌类食品和保健品开始出现，益生菌的研究已成为国际上的热门课题，这其中包括含益生菌的酸牛奶、酸乳酪、酸豆奶，以及含多种益生菌的口服液、片剂、胶囊、粉末剂、抑菌喷剂等的研究与开发，益生菌的市场正在激速发展。欧美等发达国家，在完善的法规管制下，益生菌除了作为药品，还作为膳食补充剂、配料、食品添加剂等功能食品出售。挪威在2009年出台了益生菌制剂的评价法规；荷兰和瑞典专门为含益生菌的特定产品建立科学档案，以追溯检查产品的出处和质量；在美国，益生菌产品必须通过常规安全认证认可才可上市，膳食补充剂如有临床应用导向（如可降低某类疾病风险），需经美国食品药品监督管理局（FDA）批准；日本1990年确立的特殊健康食品的管理许可制度规定：食品标签中必须标注安全和功效的健康声明，并提交卫生部批准，但有完善安全记录的益生菌，可作为批准药物在各种便利店买到。全球益生菌市场规模每年增速为15%～20%，2017年市场规模已达到360亿美元。

（三）益生菌在我国的发展

益生菌在我国的研究与利用在20世纪90年代才真正开始起步，国家在"九五"计划和"十五"计划期间，都将益生菌研究列为重大科研项目，先后投入几千万元用于相关研发。科技部又在"十三五"期间部署了多项重点相关项目，其中益生菌与人体健康和疾病防治的关系等研究已成为学术研究领域的重点方向。虽然我国对益生菌产业还没有明确的法规，但也有一些相关的行业规范和要求：2008年，农业部针对益生菌在饲料添加和发酵食品中的应用有了相应的法律规范；2010年，卫生部颁布了《可用于食品的菌种名单》；2010年版《中国药典》规定，产品中活性益生菌的活菌数必须大于1.06×10^6个/mL。人们已认识到，肠道内定植了数量众多、种类丰富的肠道菌群，对人体的健康产生着重大影响，用益生菌维护肠道菌群的平衡直接和间接有助于人体的健康，有益于不少疾病的预防和治疗。

在我国，益生菌行业由于起步较晚，90%的益生菌产业还集中在乳制品产品上，但我国益生菌市场有巨大的发展前景，科研人员应与企业联手，加强益生菌的基础研究并促进产业化升级。在益生菌产业发展上，我国同国际同行还存在较大差距。尽管如此，中国在全球益生菌消费市场上仍处于领先地位，其中酸奶消费所占比例最大。益生菌产品的销售量在中国已达460亿元。预计2020年产品市场规模将达到850亿元，突破千亿元的规模指日可待。

（四）抗生素的滥用加速了益生菌的研究和发展

在中国，抗生素的滥用问题十分严重，许多人对抗生素的滥用问题还未足够重视，引发了多种因菌群紊乱导致的胃肠道系统疾病。经常使用抗生素，在消灭了致病菌的同时，也消灭了大量的有益菌，使人体肠道内以乳酸菌、双歧杆菌为主的益生菌遭受严重破坏，进而影响人体的免疫功能，使人体抵抗力逐步下降，导致疾病反复发作，甚至引发多种并发症。与人体共生的肠道菌群遭到严重破坏后，再恢复到原始的健康菌群结构的共生平衡状态是一个极其缓慢的过程，而抗生素的频繁使用更是延缓了这一过程，有的甚至需要几年才能恢复。抗生素的滥用不仅破坏了肠道菌群的正常结构，打破了肠道菌群自我调节的动态平衡，导致多种肠道疾病发生，还使得因菌群紊乱导致的疾病，如便秘、肠易激综合征、炎症性肠病、神经系统疾病、心血管疾病、肥胖、代谢综合征、过敏性疾病、自身免疫性疾病等难以治疗。更为严重的是，过度使用抗生素导致耐药菌株的产生，甚至产生了许多超级抗药性菌。抗生素的过度使用带来的耐药性细菌的传播，更是增加了感染性疾病患者的死亡率。抗生素除了作为药物被摄入人体之外，其在食品中的残留也是人体摄入抗生素的重要渠道。防止抗生素的滥用已刻不容缓。

为了缓解对抗生素的依赖，科学家致力于寻找可以辅助抗生素，减弱其副作用，甚至替代抗生素的药物。在经过不懈的努力后，科学家发现，健康人粪便中的益生菌可以有此功效，于是，开始了益生菌取之于体、用之于体的概念革新。许多实验已证实，益生菌与抗生素联用，可以有效地减轻抗生素滥用的副作用；益生菌还具有很好的拮抗病原菌的作用，比如植物乳杆菌、干酪乳杆菌等都具有很好的拮抗作用。目前，在益生菌抗菌治疗疾病的研究方面已经取得了阶段性的成功，益生菌抗菌治疗作为近几年抗生素的替代疗法已经受到人们的高度重视。大部分抗生素，尤其是拮抗厌氧菌的药物都会引起腹泻，益生菌对腹泻尤其是抗生素相关性腹泻具有较为确切的疗效，因此其在预防和治疗方面已得到广泛的应用。益生菌还被广泛用于预防和缓解化疗引起的腹泻。总之，益生菌抗菌治疗具有不同于抗生素治疗的优势，以菌治菌，副作用小，不会使细菌产生抗生素耐药性，可限制超级细菌的产生，对细菌、真菌都有很好的抑制作用。目前，科学家已发现和筛选出很多很好的益生菌，益生菌治疗具有从根本上抑制致病菌生长繁殖的优势。

二、益生菌的分类

益生菌分布广泛，主要包括动物肠道正常生理性菌和非肠道菌。益生菌包含的菌属众多，其分类方式有很多种，既有按照来源、作用方式分类，还有按照作用条件进行分类。

（一）常见的分类方式

已发现的益生菌大体上可分成下面几大类：乳酸菌、双歧杆菌和革兰氏阳性球菌，另外还有酵母菌等。其中双歧杆菌和乳酸菌是公认安全的益生菌，对机体健康没有致病性。健康人体肠道中乳酸菌和双歧杆菌的数量在肠道菌群中的比例均较高。目前，以双歧杆菌、乳酸菌和酵母菌的研究最多、应用最广。

1. 乳酸菌

乳酸菌（lactic acid bacteria，LAB）是一类能利用可发酵碳水化合物产生大量乳酸的细菌的通称。乳酸菌在发酵过程中可产生包括乳酸、乙酸、丁酸在内的多种有机酸。目前，在自然界已发现的乳酸菌在细菌分类学上划分为43个属，370多个种及亚种。乳酸菌为革兰氏阳性、无芽孢菌。绝大多数为厌氧或兼性厌氧的异养菌，生长繁殖于厌氧或微好氧、矿物质和有机营养物丰富的微酸性环境中。乳酸菌在自然界中分布很广，在植物体表、乳制品、肉制品、啤酒、葡萄酒、果汁、麦芽汁、发酵面团、污水以及人畜粪便中，均可分离到。中国传统的食品，如泡菜、榨菜、腌菜等的制作保藏及酿酒过程中都利用了乳酸菌的发酵作用。乳酸菌具有丰富的物种多样性，除极少数外，绝大部分都是动物体内必不可少且具有重要生理功能的菌群，在人体肠道内栖息的乳酸菌数量超过百万亿个。

乳酸菌对身体有重要作用，它们可提高人体免疫力，激活巨噬细胞，维持机体的局部抗感染能力，促进肠道有益菌的生长与繁殖。它们通过发酵乳糖产生大量的短链脂肪酸，降低肠道pH、氧化还原电势，还可产生对病原菌均有明显抑制作用的过氧化氢、抗菌肽与细菌素，有效地抑制外源致病菌和肠内固有腐败细菌的生长繁殖，更重要的是它们还能竞争性地占据病原菌在肠黏膜上的定植位点，从而降低病原菌在肠内容物中的数量。乳酸菌的凝集还可以形成阻止致病菌定植的屏障，可使致病菌更容易从肠道中排出，同时，产生抑菌物质的乳酸菌对于宿主抵抗致病菌感染起到重要作用。可以说，以乳酸菌为代表的益生菌是人体必不可少且具有重要生理功能的有益菌，它们在人体肠道中的定植丰度，直接影响到人的健康水平，对人的健康与长寿至关重要。

乳杆菌属于乳酸菌，包括嗜酸乳杆菌、干酪乳杆菌、詹氏乳杆菌、拉曼乳杆菌等耐氧的乳杆菌，已报道的乳杆菌有56种，常用于肠道微生态制剂中的约有10种。乳杆菌属拉丁学名为：*Lactobacillus Beijerinck*，1901。乳杆菌具有遗传和生理多样性，在肠道的近端和末端，从胃、十二指肠、空肠、回肠、盲肠、结肠到直肠都有乳杆菌的存在。乳杆菌分解糖的能力强，但分解蛋白质类的能力极低；耐酸，最适pH为5.5～5.8，甚至更低；细胞通常为长杆状，兼性厌氧，有时微好氧，在有氧时生长差，降低氧压时生长较好；有的菌在刚分离时为厌氧菌。

乳杆菌的命名：以干酪乳杆菌为例，如副干酪乳杆菌33，拉丁名称*Lactobacillus paracasei* 33，简写LP-33，是一株对人体有特别帮助的益生菌，能耐胃酸、胆盐，且具优良的肠道驻留性。*Lactobacillus*为乳酸菌的属名[1]，*paracasei*为菌种名，尾字33是菌株名称，不同的菌株其细胞的结构成分就会不同，对人体健康所能发挥的功能也存在差异，所以在菌种的使用过程中要注意认清完整的菌株名称[2]。*Lactobacillus acidophilus*、*Lactobacillus casei*等均为常见的乳杆菌。全基因组分析显示，乳杆菌基因组编码有大量的磷酸转移酶系统及其他糖转运系统相关

[1] 种是细菌分类的基本单位，形态学和生理学性状相同的细菌群体构成一个菌种；性状相近、关系密切的若干菌种组成属；相近的属归为一个科。

[2] 细菌命名按照《国际细菌命名法规》，采用林奈氏双名法，属名+种名+命名人。属名：名词，大写首字母，一般描绘主要形态或生理特征；种名：形容词，小写，代表一个种次要特征。未确定种名或不指特定的种时，可在属名后加sp.表示。如大肠杆菌：*Escherichia coli*（Migula）Castellani & Chalmers 1919，是大肠埃希菌的学名全名，指的是Migula于1895年命名此菌为*Bacillus coli*，而Castellani及Chalmers于1919年改为现名*Escherichia coli*。

酶类的基因，其中有30个与摄取和利用碳源相关。乳杆菌已被广泛应用于生物技术和食品保存中，并且其应用正向疾病治疗方面迈进。

2. 双歧杆菌

双歧杆菌属（*Bifidobacterium*）属于放线菌纲，为专性厌氧菌，革兰氏阳性菌，呈杆状，不形成芽孢，不运动。菌体形状各异，比较典型的有Y形、V形、曲状、勺状等形态。它的菌落光滑，边缘完整，乳白色，凸状圆形，光亮柔软质地。其最适生长温度为37～41℃，最适发酵温度35～40℃，最低生长温度25～28℃，最高生长温度43～45℃；最适pH 6.5～7.0，在pH 4.5～5.0以下及pH 8.0～8.5以上的环境中不能生长。双歧杆菌属是人类肠道菌群的重要组成部分，广泛存在于人和动物的消化道、阴道和口腔中。双歧杆菌还是人的空肠中发现的最为重要的细菌，空肠中检样里面含细菌菌落，其数量为$0～10^4$ CFU/g[①]，沿肠道延伸，其数量也随之增加，至结肠达到$10^8～10^{11}$ CFU/g。

双歧杆菌属现有32个种。其中，动物双歧杆菌、假长双歧杆菌、嗜热酸性双歧杆菌均含有2个亚种，长双歧杆菌含3个亚种，能在人体肠道内定植并能用于制备保健食品的双歧杆菌主要有5种，一些双歧杆菌的菌株可以作为益生菌用在食品、医药和饲料方面。我国法规批准可用于食品的双歧杆菌包括青春双歧杆菌、动物双歧杆菌、两歧双歧杆菌、短双歧杆菌、婴儿双歧杆菌、长双歧杆菌；可用于保健食品的双歧杆菌包括青春双歧杆菌、两歧双歧杆菌、短双歧杆菌、婴儿双歧杆菌、长双歧杆菌；可用于婴幼儿食品的双歧杆菌包括动物双歧杆菌。

糖代谢中有双歧杆菌参与的异型乳酸发酵，其特点是利用葡萄糖产生乙酸和乳酸（摩尔比3∶2），不产生二氧化碳。

---

① CFU：菌落形成单位（colony-forming units），指单位体积中的细菌、霉菌、酵母等微生物的群落总数。

3. 革兰氏阳性球菌

在肠道中的革兰氏阳性球菌属兼性厌氧球菌。作为益生菌的革兰氏阳性球菌指那些非致病性的链球菌、肠球菌和放线菌。研究较多的革兰氏阳性球菌如嗜热链球菌、粪肠球菌、乳球菌、乳酸肠球菌和中介链球菌等。粪肠球菌（*Enterococcus faecalis*）是人和动物肠道内主要菌群之一，能产生天然抗生素，有利于机体健康，同时能产生细菌素等抑菌物质，抑制沙门氏菌等病原菌的生长，改善肠道微环境；还能抑制肠道内产尿素酶细菌和腐败菌的繁殖，减少肠道尿素酶和内毒素的含量，使血液中氨和内毒素的含量下降。乳球菌属（*Lactococcus*）细胞呈球形或卵圆形，在液体培养基中成对或形成短链，兼性厌氧菌，不运动，无荚膜。乳球菌中乳酸乳球菌三个亚种的一些菌株在乳制品生产中占有重要的地位。它们的单一或混合培养物可产生不同类型的乳酪和发酵乳，发酵黄油和生产酪蛋白。乳酸乳球菌是发酵工业，特别是在发酵乳制品中常用的发酵剂之一。

4. 酵母菌

一些酵母菌亦可归入益生菌的范畴。以保拉迪酵母为例，该菌常被制成散剂，这种酵母菌制剂对治疗儿童、成人急性感染或非特异性腹泻，预防和治疗抗生素诱发的结肠炎和腹泻，预防由管饲引起的腹泻和肠易激综合征有一定的疗效。

另外，人们对肠道益生菌的认识进一步深入，逐渐延伸至普拉梭菌属、普雷沃氏菌属、丁酸弧菌属等。其中的普拉梭菌是新近发现的一类可能的肠道益生菌，也是健康人群肠道中最丰富的微生物之一，约占肠道粪便细菌总数的5%～15%，在代谢中产生大量的丁酸盐等，具有抗炎效应，可明显改善肠道炎症，同时能通过调节单核细胞和肠道上皮细胞中细胞因子的表达提高肠黏膜屏障功能。研究人员已开发出新的益生菌资源，包括明串球菌属、丙酸杆菌属和芽孢杆菌属的部分菌种，以及部分酵母菌和霉菌等。

（二）按传统益生乳酸菌、非乳酸菌益生菌和下一代益生菌三个方面对益生菌进行分类

1.传统益生乳酸菌

乳酸菌是发酵糖类、主要产物为乳酸的一类无芽孢、革兰氏阳性细菌的总称。《伯杰氏古菌与细菌系统学手册》（2015年）中将乳酸菌相关菌属划分为厚壁菌门（乳杆菌属、明串珠菌属、片球菌属、乳球菌属、链球菌属、肠球菌属、类乳杆菌属等）、放线菌门（双歧杆菌属、气斯氏菌属、异斯氏菌属等）和梭杆菌门（纤毛菌属、赛巴德罗氏菌属）三大类。其中乳杆菌属和双歧杆菌属是乳酸菌的重要菌属，被广泛应用于国内外相关产品中，常见的菌株有：嗜酸乳杆菌（*L. acidophilus*）、鼠李糖乳杆菌（*L. rhamnosus*）、干酪乳杆菌（*L. casei*）、德氏乳杆菌（*L. delbrueckii*）、植物乳杆菌（*L. plantarum*）、罗伊氏乳杆菌（*L. reuteri*）、副干酪乳杆菌（*L. paracasei*）、两歧双歧杆菌（*B. bifidum*）、动物双歧杆菌（*B. animalis*）、长双歧杆菌（*B. longum*）、婴儿双歧杆菌（*B. infantis*）和青春双歧杆菌（*B. adolescentis*）等。

2.非乳酸菌益生菌

基于自古以来的食用传统或长期的功能安全评价，一批非乳酸菌的微生物也被认为对宿主具有益生作用。目前被广泛认可的有保拉迪酵母菌、凝结芽孢杆菌、丁酸梭菌和大肠杆菌Nissle 1917等。保拉迪酵母菌属于酵母属、酿酒酵母亚种，是目前在益生菌中唯一受到普遍认可的酵母菌，它具有拮抗生物毒素、致病菌，改善肠道，缓解炎症，提高免疫力等生理功能，被用于治疗人类腹泻，还可作为改善单胃动物营养和健康的饲料添加剂。凝结芽孢杆菌属于厚壁菌门、杆菌纲、芽孢杆菌目、芽孢杆菌科、芽孢杆菌属，兼性厌氧，可进行乳酸发酵，在100℃下，10分钟存活率超过90%。从1985年开始产业化并被广泛应用于医药领域，

2016年被卫生部列入《可用于食品的菌种名单》，用于治疗因肠道菌群失调引起的急慢性腹泻、慢性便秘、腹胀和消化不良等。丁酸梭菌（酪酸菌）属于厚壁菌门、梭菌属，革兰氏阳性菌，产内生孢子和丁酸，广泛存在于人和哺乳动物肠道内。1990年起它在日本、韩国等国家实现大规模产业化应用，2014年被欧盟批准为新食品原料，用于调节肠道菌群平衡、缓解便秘腹泻、提高免疫力和预防肿瘤。大肠杆菌Nissle 1917是1917年第一次世界大战时期，由志贺氏菌引起的痢病大爆发时，从未出现腹泻的士兵粪便中分离得到的。研究表明，该菌除与尿道感染存在潜在关系外，基本为非致病菌。目前，该菌已得到深入研究并成为应用广泛的益生菌，用于缓解溃疡性结肠炎、急慢性肠炎、传染性腹泻，调节肠道菌群和调节免疫等。非乳酸菌益生菌主要从特殊的宿主或环境中选育，其功能研究主要集中于肠道，但非乳酸菌益生菌所涉及的空间广阔，如从传统发酵食品——纳豆中分离出的纳豆芽孢杆菌，为枯草芽孢杆菌纳豆菌亚种，革兰氏阳性菌，好氧、产芽孢。研究表明该菌产纳豆激酶和维生素K_2，具有增强免疫、溶解血栓、调节血糖血脂的重要生理功能，是一种优良的非乳酸益生菌。

3.下一代益生菌

随着微生物培养技术的进步和测序技术的发展，一些肠道关键功能微生物受到人们的关注。2017年，有人正式提出了下一代益生菌（NGP）的概念，下一代益生菌应包括各类尚未得到开发的肠道非典型益生菌，以及基因改良微生物（GMMs），这些菌株最终可能会并入益生菌名单或转变为生物药物。目前研究发现的潜在下一代益生菌主要有艾克曼菌（AKK菌）和拟杆菌属的菌株，如与代谢和肠道疾病相关的 *Akkermansia municiphila*、与癌症相关的 *Bacteroides xylanisolvens* DSM 23694、与肠炎相关的 *Bacteroides ovatus* V975，以及与心脏病相关的 *Bacteroides dorei* D8等。下一代益生菌的开发需克服一系列技术难点，因为在下一代益生菌中还包含了很多不被大众所熟知的微生物，有些甚至被普遍认为是致病菌，它们的应用需经过严格的功能及安全评价，同时还需完善行业规范并破除消费者的固有认知，其开发面临着巨大的挑战。

（三）按照来源和作用方式分类

益生菌按照来源和作用方式主要分为共生菌、原籍菌和真菌。共生菌源于人体肠道菌群之外，其"共生"特指可以与原籍菌共同生存以促进原籍菌生长的一类菌株。原籍菌主要为本身就存在于肠道菌群内的细菌，而真菌是一种以保拉迪酵母菌为主的菌群。

（四）按厌氧和需氧分类

益生菌还可分为厌氧细菌和需氧细菌，大部分的益生菌为需氧菌，例如常见的枯草芽孢杆菌等，少部分为厌氧菌，如乳酸菌，甲烷杆菌等。

三、具有抗菌、抑菌活性的益生菌及细菌素

益生菌具有很好的抗菌、抑菌作用，除了表现在生物屏障、生物拮抗和免疫调节等方面，许多益生菌还可以产生具有抗菌或抑菌作用的细菌素。细菌素是由细菌核糖体合成的蛋白类抗菌物质，对同种近缘菌株呈现狭窄的活性抑制谱，它可附着在靶细胞特异性受体位点上，通过对靶细胞的细胞壁、核糖体、DNA等作用，起到抑菌效果。99%的细菌都能产生一种或者多种细菌素，目前发现的细菌素已有几十种。

下面介绍几种为科研人员所重视的具有抗菌、抑菌活性的益生菌。

（一）双歧杆菌

科研人员研究发现，双歧杆菌属（*Bifidobacterium*）的细菌，参与人体免疫、营养、消化等一系列的生理过程。它们对人体生理功能进行

调节，其生物学活性包括保健作用和药用治疗作用两个方面。双歧杆菌可维护肠道正常的菌群平衡，抑制病原菌的生长，可以用来防治便秘、下痢、胃肠障碍等肠道疾病，如含有双歧杆菌配方的发酵乳可以抑制多种肠道病原体，一些双歧杆菌和乳酸菌的婴儿分离株在治疗梭状芽孢杆菌引起的肠道疾病方面也有很大的潜力。此外，双歧杆菌可在肠道内合成维生素、氨基酸，提高机体对钙离子的吸收；可有助于降低血液中胆固醇水平，防治高血压；还能增强机体的非特异和特异性免疫反应，控制体内毒素血症，提高宿主对放射线的耐受性。总之，人体肠道内的双歧杆菌具有生物屏障与生物拮抗作用、营养作用、免疫作用、降血脂作用、抗放射线作用，还能改善机体对乳糖不耐受症，有助于抗衰老，延年益寿。

1. 生物屏障和生物拮抗作用

双歧杆菌能通过细胞磷壁酸和肠黏膜上皮细胞的相互作用与肠黏膜表面密切结合，与其他厌氧菌形成特异性的微生态效应，共同占据肠黏膜表面，构成一个生物学屏障，通过其在肠道的定植能力，构成肠道的定向阻力，阻止了致病菌与条件致病菌的定植和入侵，起到占位性保护作用。双歧杆菌能使结合型胆汁酸分离成游离态胆汁酸，对有害菌起到更强的抑制作用。胆汁酸能产生抗菌物质，还能产生过氧化氢，激活机体产生过氧化氢酶，抑制和杀灭革兰氏阴性菌（如志贺氏菌和沙门氏菌）；胆汁酸还可增加肠蠕动，加快致病菌排出，进而维持肠道微生态平衡。

2. 营养作用

双歧杆菌可以合成多种消化酶类，促进多种维生素B_1、B_2以及B_{12}的合成，同时还可以为人体补充所需要的叶酸、烟酸等营养物质，促进氨基酸代谢，改善脂代谢与维生素代谢，从而促进蛋白吸收，提高氮蓄积率，改善脂质代谢紊乱。双歧杆菌中具有乳糖酶，可将乳糖酵解成葡萄糖、半乳糖，促进大脑发育。适量补充双歧杆菌可以避免乳糖不耐症的发生。

在畜禽养殖方面，补充双歧杆菌可提高饲料转化率，加强动物体的营养代谢。另外，双歧杆菌所特有的果糖-6-磷酸盐磷酸酮酶将葡萄糖分解为乙酸和乳酸，降低了肠道内pH和氧化还原电势，实现肠道菌群平衡的维持，使肠道酸化，阻止致病菌增殖，还有利于某些矿物质如钙、铁、镁、锌等的吸收作用，从而起到促进畜禽生长和提高生产性能的作用。

3. 增强免疫作用

双歧杆菌的免疫调节作用是通过肠道刺激肠黏膜，诱导激活可提供给宿主防卫微生物侵犯功能的帕内特细胞和肠黏膜免疫系统，促进免疫球蛋白（IgA）的分泌与细胞因子和抗体的产生，进而提高了胃肠道黏膜的免疫力和抗感染能力。双歧杆菌对机体的免疫调节作用主要包含体液免疫和细胞免疫两个方面。其中，细胞免疫调节主要通过激活NK细胞、机体吞噬细胞等多种免疫活性细胞的功能，提高抗感染能力及红细胞免疫黏附作用来实现的。研究表明，婴儿双歧杆菌对单核吞噬细胞有激活作用，促使单核吞噬细胞系统发挥免疫学作用。体液免疫调节主要通过刺激B淋巴细胞的活化增殖和抗体分泌来实现。双歧杆菌菌株免疫调节作用的分子机制之一与菌株产生的胞外多糖（EPS）有关。实验发现，胞外多糖在体外能通过提高巨噬细胞的增殖和吞噬作用的活力，发挥免疫调节作用。

4. 通便功能

小肠主要通过蠕动来推动肠内容物运动。双歧杆菌代谢过程产生的有机酸可以刺激人体肠道壁，促进肠道蠕动，利于排便。同时有机酸含量的升高可增加肠道内渗透压，利于水分由低渗环境处进入到肠道内高渗环境，产生通便效果。

5. 抑制肿瘤的作用

双歧杆菌的抗肿瘤作用包括活菌体、死菌体及细胞壁骨架的抗肿瘤作用。这些作用包括：激活及调节嗜中性粒细胞、巨噬细胞、NK细胞等免疫活性细胞的机能，诱导各种重要的细胞因子发挥免疫作用；减少肠内致癌物的形成，同时使某些诱发癌症的酶失活，诱发癌症凋亡基因的表达；清除肠内致癌原如亚硝酸胺等。此外，双歧杆菌产生的短链脂肪酸，同样有防止肿瘤发生和免疫激活的作用。这些脂肪酸可促使机体树突状细胞产生IL-10，增强免疫细胞的活性，诱导产生一氧化氮，杀死多种肿瘤细胞，因而具有抗癌作用。实验表明，双歧杆菌能明显降低试验动物的肿瘤发病率，延长荷瘤动物生存期。

6. 降解毒性物质

一些致病菌的代谢产物如甲酚、胺、吲哚等具有较强的毒性，如果这些产物积累较多，大大超过了肝脏的解毒能力，将导致肝脏功能紊乱，循环系统失常，还将干扰神经系统的活动。双歧杆菌胆盐水解酶能将胆盐水解成游离胆酸，增强了抗菌活性，抑制了腐生菌及其他病原体的繁殖，从而抑制致病菌代谢产物的产生。双歧杆菌还可产生胞外糖苷酶，降低肠黏膜上皮细胞的杂多糖，这些杂多糖是潜在致病菌及其内毒素的受体，因而抑制了致病菌和内毒素在肠黏膜上的黏附。双歧杆菌能降解肠道中的有毒物质，清除致病菌的毒性代谢产物，防止因内毒素吸收而引起的内毒素血症，保护肝脏的功能。

7. 护肝作用

双歧杆菌的护肝作用主要体现在能够调节肠内pH，抑制氨的吸收，从而减少肝病的发生。双歧杆菌制剂可以明显降低内毒素血症，有利于肝脏恢复。由此可见，双歧杆菌可以作为肝病的辅助治疗制剂。

8. 产生具有抑菌作用的细菌素

有些双歧杆菌会代谢产生一种由核糖体合成、具有抑菌作用的蛋白质，如双歧杆菌素B，这是一种细菌素，或称细菌毒素，它可抑制其他致病菌的生长。目前，研究发现，有13种双歧杆菌具有产生细菌素的能力。从双歧杆菌中分离出的细菌素bifidin以及从长双歧杆菌中分离的细菌素bifilong具有较广的抗菌谱；两歧双歧杆菌NCDC 1452可以产生拮抗物质——双歧菌素，经证明其在菌体对数生长期开始产生，在稳定期活力最大；从婴儿双歧杆菌BCRC 14602和长双歧杆菌DJO10A分离得到了双歧菌素 I 及羊毛硫细菌素。从双歧杆菌中还分离到热稳定的类细菌素，且具有抑菌作用。除了对细菌素的研究是当今双歧杆菌研究的热点外，有关细菌素基因的克隆、表达及调控也具有极大的研究价值。

9. 抗衰老功能

微生态研究表明，长寿老人粪便中有着与青少年粪便中数量相当的双歧杆菌。随着人的衰老，机体消除自由基功能减退，体内自由基不能被有效清除，抗氧化能力下降。研究证明，双歧杆菌具有良好的抗氧化活性，它能明显增加血液中超氧化物歧化酶的活性以及含量，在体内协调自由基的氧化反应使自由基含量减少，有毒氧被转化成无毒氧，减少对人体细胞的损伤，进而减少自由基参与氧化导致的机体衰老，从而促进人体的健康。有研究显示，服用含有双歧杆菌 BB12的产品后，病人红细胞超氧化物歧化酶及GSH-Px酶活性明显增加，自由基被封闭和降解，减少了自由基参与氧化反应而导致的机体衰老。

为了更好地发挥双歧杆菌对人体的保健作用和治疗作用，科学家已开始对双歧杆菌菌株进行基因改良，通过生物工程技术，改变菌株的基因片段，在其DNA中导入使其耐氧、耐酸的基因片段，并能成功表达，从而培育出更加耐氧、耐酸的高抗逆性菌株。

（二）唾液链球菌

唾液链球菌（*Streptococcus saliva*）为口腔正常菌群，属于细菌域、厚壁菌门、芽孢杆菌纲、乳杆菌目、链球菌科、链球菌属。唾液链球菌是已知最早在婴幼儿的口腔中存在的细菌，它能够产生一种可参与机体生物屏障构成，维持机体口腔菌群生态稳定的细菌素，可抑制其他多种微生物的活性，减少病原菌在口腔、呼吸道等部位的定植。唾液链球菌作为细菌素样抑菌物质（BLISs）的主要产生菌，在健康人体口腔微生物菌群中占重要地位，被当作口腔益生菌的重要候选者。此外，发酵过程中添加唾液链球菌使得酸奶的黏度有所增加，增强了酸奶的风味。同时，唾液链球菌在生长过程中可以产生甲酸，刺激保加利亚乳杆菌繁殖，而保加利亚乳杆菌可分解酪蛋白形成多种氨基酸和多肽，促进唾液链球菌的新陈代谢，唾液链球菌与保加利亚乳杆菌一起发酵存在共生效应。

唾液链球菌K12（*Streptococcus salivarius* K12，SsK12）作为口腔益生菌广泛应用于相关疾病的研究和治疗中。唾液链球菌K12用于防治口臭、咽炎、扁桃体炎、中耳炎等的研究，在体内外及临床研究上日臻完善；而用于防治念珠菌病、B族链球菌感染的研究仍停留在体外和动物模型上；用于防治牙龈炎的相关研究还处于理论阶段。

1. 唾液链球菌K12防治口臭

口腔中的唾液链球菌数量较少者容易口臭，这是由口腔内一种革兰氏阴性厌氧菌代谢生成的一种挥发性硫化物引起的。常见的口臭化合物主要由挥发性硫化物、戊酸、丁酸和腐胺组成，是由一些主要定植于舌头背部的口腔细菌产生。唾液链球菌K12可以产生某种细菌素，对口臭相关细菌的活性有抑制作用。因此，采用各种手段减少口臭相关菌群的数量成为治疗的关键。

2. 唾液链球菌K12防治咽炎、扁桃体炎

咽炎、扁桃体炎是儿科常见的咽喉部感染性疾病，通常认为革兰氏阳性菌酿脓链球菌是其主要致病菌。唾液链球菌K12产生的两种羊毛硫抗生素：唾液素A2和唾液素B，均能抑制酿脓链球菌的生长。此外，唾液链球菌K12能够结合人的上皮细胞，从而抑制病原菌的结合。因此，唾液链球菌K12广泛应用于咽炎、扁桃体的预防及治疗，如可防止患儿咽炎、扁桃体炎反复发作，预防健康儿童因溶血性链球菌GABHS感染而发生咽炎、扁桃体炎等。

3. 唾液链球菌K12防治中耳炎

中耳炎是一种儿科常见疾病，可分为急性中耳炎和分泌性中耳炎，大约 80% 的儿童至少会患一次急性中耳炎，而80%～90%的学龄前儿童至少会患一次分泌性中耳炎。诸如肺炎链球菌、流感嗜血杆菌、卡他莫拉菌、酿脓链球菌等病原菌通过咽鼓管从鼻咽部进入中耳后，引发炎症反应，进而导致急性中耳炎的发生。而分泌性中耳炎表现为无明显症状、持续性中耳积液及听力下降，其发病机理尚未完全明确，可能是急性中耳炎的后续症状。唾液链球菌K12不仅具有预防和治疗急性中耳炎的效果，并且对分泌性中耳炎也能起到有效的治疗作用。

4. 唾液链球菌K12防治念珠菌病

白色念珠菌是正常人体口腔菌群的一员，然而某些情况下的大量增殖会引起诸如口腔念珠菌病等一系列疾病。口腔念珠菌病伴随着严重的炎症反应，抑制机体的免疫应答，从而严重影响患者的生活质量。而唾液链球菌K12可用来防治念珠菌病。

5. 唾液链球菌K12防治其他疾病

无乳链球菌又称B族链球菌（GBS），是一种革兰氏阳性菌，是导致新生儿发病和死亡的主要感染源，发病的主要原因是无乳链球菌定植于产妇的肠道与阴道，随之传染给新生儿，从而引发疾病。唾液链球菌K12为一种有广谱抗菌作用的益生菌，其对无乳链球菌也具有一定抑制作用，并具有限制无乳链球菌在阴道中定植及预防新生儿无乳链球菌感染的潜力。由唾液链球菌K12对无乳链球菌的体外及体内抑制作用的研究结果显示，唾液链球菌K12具有体外抑制多株无乳链球菌的广谱抑菌活性，还能够显著减少无乳链球菌小鼠模型阴道中无乳链球菌的定植。

（三）乳酸菌

乳酸菌能够降低胆固醇、调节胃肠道菌群的正常、抑制肠道内腐败菌的生长繁殖、维持微生态平衡、控制内毒素、提高食物消化率、产生营养物质、刺激组织发育，从而对机体的生理功能、营养状态、免疫反应、毒性反应、突然的应急反应和细胞感染等产生作用，具备诸多益生功能，如抑菌、抗衰老和抗癌等。乳酸菌的发酵分为同型乳酸发酵（葡萄糖经糖酵解途径后几乎变成百分之百的乳酸，如链球菌、片球菌和部分乳杆菌等）和异型乳酸发酵（葡萄糖的分解完全依赖磷酸戊糖途径，除了转变为乳酸外，还会产生乙酸、二氧化碳、乙醇等其他副产物）。

根据菌体的形态将乳酸菌分为两大类，乳酸链球菌和乳酸杆菌。乳酸菌通过自身及其代谢产物，发酵低聚糖产生短链脂肪酸和一些抗生素物质，可有效地抑制外源致病菌和肠内固有腐败细菌的生长繁殖。乳酸菌产生的抑菌物质主要有以下几种：

1. 乳酸菌产生乳酸菌素

许多乳酸菌在代谢过程中能产生多种有抑菌活性的细菌素——乳酸菌素，其能杀灭引起食品腐败的细菌和病原菌或抑制其繁殖，可作为天然的食品防腐剂使用。乳酸菌素是乳酸菌在代谢过程中由核糖体合成的一类具有抑菌活性的多肽或前体多肽。它们大多对热稳定，通常只能抑制革兰氏阳性菌生长，对革兰氏阴性菌和真菌作用效果较差。

不同乳酸菌产生不同的细菌素，它们的抑菌谱也各不相同。乳酸菌素可分为四类，即羊毛硫抗生素、肽类乳酸菌素、蛋白类乳酸菌素和复合型乳酸菌素。

Ⅰ类：细菌素羊毛硫抗生素的典型代表是乳酸链球菌素（nisin），是由乳酸乳球菌乳酸亚种（*Lactococcus lactis subsp. lactis*）分泌的一种线性多肽，对革兰氏阳性菌有较广的抑制作用，并可使芽孢杆菌和梭状芽孢杆菌的芽孢对热敏感。nisin是研究较深入并被工业化生产应用的乳酸菌细菌素。

Ⅱ类：细菌素肽类乳酸菌素，又可分为三类，即Ⅱa类、Ⅱb类和Ⅱc类，其中Ⅱa类细菌素被研究报道得较多。

Ⅲ类：细菌素热敏感大分子蛋白（LHLP），其细菌素的抑菌谱较窄，已经报道的有细菌素caseicn80，enterolysin等。

Ⅳ类：细菌素复合型的大分子复合物，由蛋白质、碳水化合物甚至类脂基团共同组成，其结构和性质与细菌素相似，故也称为类细菌素（BLIS），其具有较宽的pH稳定范围，并具有抑制革兰氏阴性菌和真菌的特性。近几年对类细菌素的报道逐渐增多，如瑞士乳杆菌AJT产生的抗菌物质对热稳定，能抑制金黄色葡萄球菌、大肠杆菌、蜡状芽孢杆菌和扩展青霉、米曲霉的生长，其抗菌物质中可能包含类细菌素；类细菌素lactococcin GJ-9具有较宽的抑菌谱，能够抑制大肠杆菌、金黄色葡萄球菌、沙门氏菌等常见的导致食品污染和人畜共患病的腐败菌与病原菌。因此，产生类细菌素的乳酸菌，在食品防腐或者医药领域的研究和应用中具有巨大潜力。

因第Ⅱ、Ⅲ、Ⅳ类细菌素中没有羊毛硫氨酸基团，又被称为非羊毛硫氨酸细菌素。

2. 乳酸菌产生乳酸、挥发性脂肪酸和二氧化碳

乳酸菌产生的乳酸和挥发性脂肪酸可以减少大肠杆菌、沙门氏菌等在人体肠道中的数量，乳酸菌对致病性细菌、真菌具有一定的拮抗能力。二氧化碳通常由异型乳酸发酵产生，能起到抑制霉菌和一些革兰氏阴性需氧菌生长的作用。其抑菌机理被认为是通过引起细胞内pH和酶活性下降，使细胞膜传递功能减弱；吸附在食物成分上，形成厌氧环境，从而抑制需氧微生物（如酵母菌）的生长。

3. 乳酸菌产生过氧化氢

乳酸菌的黄素蛋白氧化酶使其在有氧条件下产生过氧化氢，又因缺少过氧化氢酶而造成过氧化氢在食物中不断积累，对其他微生物（如假单胞菌和金黄色葡萄球菌等）的生长产生抑制作用。过氧化氢的产生和积累有赖于食物介质中氧的体积分数、食物的形态和温度等，通常认为较低温度、较高氧体积分数的液态或半液态的食物环境利于其发挥抑菌作用。

四、我国已批准使用的益生菌菌种

目前我国卫生部批准的可用于保健食品的益生菌菌种有：两歧双歧杆菌、婴儿双歧杆菌、短双歧杆菌、长双歧杆菌、青春双歧杆菌、保加利亚乳杆菌、嗜酸乳杆菌、干酪乳杆菌、嗜热链球菌等10个菌种。卫生部公告2008年第20号：根据《中华人民共和国食品卫生法》和《新资源食品管理办法》的规定，批准低聚半乳糖、副干酪乳杆菌（菌株号GM080、GMNL-33）、嗜酸乳杆菌（菌株号R0052）、鼠李糖乳杆菌（菌株号R0011）、水解蛋黄粉、异麦芽酮糖醇、植物乳杆菌（菌株号299v）、植物乳杆菌（菌株号CGMCC No.1258）等为新资源食品。

2011年11月2日，根据卫生部《食品安全法》及其实施条例的有关规定，卫生部组织对已批准的可用于食品的菌种进行了安全性评估，制定了《可用于婴幼儿食品的菌种名单》，包括嗜酸乳杆菌、动物双歧杆菌、乳双歧杆菌和鼠李糖乳杆菌。2014年6月18日，当时的国家卫生计生委办公厅专门发文"同意罗伊氏乳杆菌（菌株号DSM17938）用于婴幼儿食品"。2016年6月8日，当时的国家卫生计生委对其进行补充，加入发酵乳杆菌和短双歧杆菌这两种新菌种。虽然嗜热链球菌研究人很多，临床时间较长，但根据相关规定，嗜热链球菌不能添加到婴儿食品当中。应用菌种时首先要看菌种及菌株，是否符合国家卫计委规定的《可用于食品的菌种名单》以及《可用于婴幼儿食品的菌种名单》。仅有以下几种菌株可安全应用于婴幼儿食品，分别为嗜酸乳杆菌NCFM、动物双歧杆菌Bb-12、乳双歧杆菌Bi-07和HN019、鼠李糖乳杆菌HN001和LGG等，其中嗜酸乳杆菌NCFM仅限用于1岁以上幼儿的食品。在挑选益生菌时一定要记得查看菌种成分，不可选择没有明确标注菌株号的菌种。

五、什么人应该服用益生菌

人体中不仅是肠道，凡是与外界环境相通的器官都有菌群，如口腔、鼻、生殖系统、尿道、皮肤、排汗的毛孔等，但益生菌主要在肠道中。我们认为老人、孕妇、婴幼儿、使用抗生素者、吸烟喝酒者，以及腹泻、便秘、肥胖、心血管病、肝病、过敏症、癌症患者，亚健康人群等都应该补充益生菌。经受手术、外伤、感染、肿瘤的病人，某些疾病的病患及接触有害化学物品者，他们的肠道菌群也会受到影响，特别是危重症患者，有时肠道内乳酸菌群可能完全丧失。同位素、激素、放疗和化疗均可在治疗疾病的同时降低机体免疫力，也破坏了患者肠道菌群的平衡；长期使用广谱抗生素，可使大多数患者肠道敏感菌和正常菌群被抑制或杀死，而抗生素的选择作用使耐药菌得以大量繁殖，因此长期大量使用广谱抗生素是引发菌群失调的常见原因之一。另外，任何不良饮食习惯或精神压力都可破坏肠道菌群平衡。如宇航员在太空舱中的生活规律、饮食习惯及精神压力都有极大变化，当宇航员从太空返回地球时，检查发现，他们体内绝大部分共生菌群都已损失，其中，乳酸菌损失量为：$L.\ plantarum$ 100%，$L.\ casei$ 100%，$L.\ fermentum$ 43%，$L.\ acidophilus$ 27%，$L.\ salivarius$ 22%及$L.\ brevis$ 12%，故应当补充益生菌。

1. 腹泻、粪便不成形等肠道症状人群应立即服用益生菌

人的粪便应当是香蕉状，但肠道菌群紊乱的人，会产生腹泻、粪便不成形等症状。有的人大便有层油是脂肪代谢有问题，有的人还出现三臭（口臭、屁臭、粪臭）、恶心、胃口不佳、腹胀、疲倦、免疫力低下、水土不服、乳糖不耐受、脸上长痘痘等症状。这些可通过服用益生菌，使体内菌群重新达到生态平衡来实现缓解与治疗的目的。肠道菌群失衡还在炎症性肠病（IBD）患者的患病机制中扮演着非常重要的角色（IBD表现为反复腹痛、腹泻、黏液及血便，甚至出现视力模糊、关节

痛、皮疹等全身性并发症）。有研究发现，炎症性肠病患者和健康对照者的粪便及肠道黏膜上的细菌，在种类和数量上都有显著的差别。

2. 有如下症状的人应服用益生菌

一些消化道疾病患者应服用益生菌，如抗生素相关性腹泻、旅行性腹泻、肠道综合征、炎症性肠病、结肠溃疡造成的便血；另外一些非消化道疾病也应服用益生菌，如过敏、代谢综合征、肥胖、非酒精性脂肪肝、肝硬化、泌尿生殖道感染、呼吸道感染、关节炎等。

3. 孕妇、婴幼儿应服用优质益生菌

新生儿在出生后的几个小时，随着母乳喂养、奶制品补充以及与妈妈乳头周围皮肤接触，就会有大量以双歧杆菌为主的益生菌进入宝宝体内，维持肠道健康，促进宝宝免疫系统发育。因此为了保证胎儿健康，孕妇在妊娠期就要适量补充抗过敏益生菌和双歧杆菌等，有助于调节肠道菌群。母乳中有益菌不足或者奶粉喂养都不能为宝宝提供足够的益生菌。孕妈妈体内拥有好菌群，可以达到胎宝宝初期预防、干预过敏的目的。对于孕期有便秘等问题的孕妇来说，补充益生菌也是非常有帮助的。

婴幼儿属于免疫力较弱的群体，鉴于婴幼儿特殊的免疫需求，在婴幼儿食品中添加益生菌作为有益菌群的补充成为一种膳食趋势。婴幼儿的胃肠功能、免疫系统的发育相比成人均未健全，自身防御能力差，常见肠道吸收不良（如乳糖不耐症）及感染性疾病（如腹泻），因此更应及时补充益生菌以达到预防疾病的目的。通常将合理添加了益生菌类的婴幼儿食品统称为婴幼儿益生菌食品，如乳酸菌饮料、婴幼儿益生菌配方奶粉、益生菌干酪、添加允许婴幼儿食用菌株的益生菌制剂等。

益生菌不是药品，不是生病了才可服用，婴幼儿一般出生3个月后，即可开始逐渐补充一些含有益生菌的乳制品。婴幼儿由于自身免疫系统发育尚未成熟，母传抗体在出生后逐渐消失，在六岁之前都处于易感期，很多婴幼儿都会出现胃肠功能、免疫功能不完善，机体抵抗力较弱，消化功能紊乱，肠吸收不良及感染性疾病等状态。这些状态不但阻碍了婴幼儿体格的生长和发育，对其智力认知的发育、情感社交能力的发展等都带来不同程度的影响。婴幼儿的很多健康问题都是由于肠道菌群失调引起的，比如过敏（婴幼儿湿疹、儿童过敏性鼻炎、小儿支气管哮喘等）、消化不良、腹泻、便秘等等。可用于婴幼儿食品的优质益生菌能在无副作用的情况下，缓解和治疗婴幼儿腹泻、便秘、湿疹等常见疾病，还可以显著降低婴幼儿急性呼吸道感染的风险，对提高宝宝的免疫力有促进作用。益生菌可在婴幼儿的早餐前或随餐服用，注意冲调温度不能高于37℃，即冲即喝。

4. 老年人应该补充益生菌

12岁以下，属于儿童发育期，益生菌菌群的多样性不完善。12岁到40岁，健康人群的菌群一般比较完善，普通人益生菌数量占肠道菌群的25%以上，体魄强健的可占到70%；但40岁以后菌群中的益生菌比例开始下降，70岁以后加速下降。老年人肠道内益生菌数量与青少年时期相比约下降至原来的百分之一到千分之一，而长寿老人肠道中益生菌的数量比一般老年人的均值高出60倍。人体肠道菌群状况是随年龄增长而变化的，婴儿肠道中几乎全是双歧杆菌，随年龄增长，双歧杆菌减少而腐败菌增加，超过60岁后变化更为明显，30%的老人肠道中几乎不存在双歧杆菌。另外，肠道中的有害细菌梭状芽孢杆菌在年轻人中仅有50%的人检出，而在老年人中检出率可达80%。一般随着年龄增长，肠内有害菌增多，免疫力减弱，再加上不良的生活方式和饮食习惯，中老年人的体内菌群开始出现失调，益生菌的数量在不断衰减，而中性菌和致病菌的数量会逐渐增加，各种疾病开始高发。此时如果能经常补充益生菌，有助于使肠道"年轻"化，加强中老年人的健康生活。

目前益生菌研究的重点是要筛选出既安全又有较强活性的菌株，并将各类微生物组成具有复合活性的益生菌制剂，作为能用于临床治疗的益生菌药物或保健品。由于不同的益生菌的耐受性有差异（如乳酸菌的耐热性差），需要研究如何改善不同益生菌的耐受性及其在肠道的存活率和定植能力，使有限的益生菌在机体内发挥更大的作用。

六、益生元

人类为增加体内益生菌的数量，通常采用的方法有两种：一种是直接进食含活性益生菌的食品，另一种则是摄取益生元类的非活菌食品，请益生元来帮忙，促进有益菌生长繁殖，抑制有害菌增殖、调节肠道菌群平衡。比如含有益生元（如低聚果糖、低聚乳果糖、水苏糖）的酸奶。某些食物中含有低聚糖成分，如大豆、蜂蜜、洋葱（每天吃一个洋葱相当于摄入5～10 g低聚糖）。根茎类蔬菜、谷类、豆类、海藻类等含有的食物纤维，可助"第一好细菌"双歧杆菌的繁殖。中药的健脾益气药，如四君子汤、参苓白术散也有恢复益生菌水平的作用。

1. 什么是益生元

益生元又叫双歧因子，指一些无法被宿主吸收，但可以有选择性地促进其体内双歧杆菌等益生菌的代谢和增殖，从而改善宿主健康的有机物质。益生元通俗的说法就是益生菌的"食物"，是一种膳食补充剂、益生菌的"养料"提供者，大家所熟悉的双歧因子，就是促进肠内双歧杆菌生长的益生元。自1995年提出益生元的概念后，经过长期的研究及实践应用，益生元的营养价值得到了充分挖掘，并将其定义为"人体不消化或难消化的成分，这些成分可选择性刺激结肠生理活性细菌（益生菌）的生长和活性，从而对宿主产生健康效应"。益生元以膳食补充剂的形式进入到机体内，可以对机体微生态平衡起到良好的调节作用。益生元物质主要包括一些非（或难）消化性低聚糖，这些功能性低聚糖具有膳食纤维的功能，可增加大便持水性和容量，从而易于排出，还可吸附肠道中阴离子、胆汁酸而有效降低血脂和胆固醇。益生元的定义一直在不断发展和演进，2010年，国际益生菌和益生元科学协会定义膳食益生元为："选择性发酵的成分，它能使胃肠微生物的组成和/或活性产生特定变化，进而有利于宿主的健康"。随着人们对益生元、肠道菌群、肠道功能、肠道免疫功能等的深入了解，益生元进一步被定义为："一种不被消化的混合物，通过肠道微生物的代谢，调节肠道微生物组成和/或活性，从而赋予宿主有益的生理影响"。

益生元不是生物，为非活性物质，不存在存活率的问题。益生元以未经消化的形式直达肠道，在通过消化道时大部分不被人体消化而是被肠道菌群吸收。最重要的是它只选择性地促进对人体有益的菌群增殖，而抑制对人体有潜在致病性或腐败活性的有害菌的生长。可以说益生元就是益生菌的"食物"，主要功能就是快速喂食益生菌帮助其高效繁殖，优化菌群平衡。益生元能促进肠道有益菌群生长增殖至万亿数量，以天然的方式强效恢复肠道蠕动的功能，缓解便秘，因此益生元被誉为人体肠道的"健康卫士"。

2. 益生元的种类

益生元是一类物质的总称，主要分为低聚糖类和微藻类两大类别。低聚糖是使用最广泛的非消化性功能性益生元，如低聚果糖、低聚麦芽糖、低聚半乳糖、大豆低聚糖、水苏糖、棉籽糖、甘露低聚糖、低聚木糖、菊粉等多种。这类益生元通常有着较低的黏度和甜度，口感甚佳，并且水溶性良好，受酸环境和热环境影响较弱，不易与矿物质结合，易于保存。常见的微藻类益生元有节旋藻、螺旋藻以及植物提取物等。此类益生元蛋白质含量丰富，能够为机体补充大量矿物质、微量元素、酶和天然色素，同时不含饱和脂肪酸，胆固醇含量也较低，在保健方面有较为理想的应用效果。益生元还包括一些天然植物提取物、蛋白质水解物、纤维食物等。有害菌"吃荤"，益生菌"吃素"，益生元就是供给益生菌的素食，只让益生菌吃好。因此，为保持身体菌群平衡，每个人一天应当吃一斤蔬菜、半斤水果，要吃含膳食纤维多的粗粮。北京电视台《我是大医生》在演播益生菌的节目中，推荐的益生元食物有玉米、异麦芽低聚糖、洋姜、低聚果糖、苦菊苣等。全球市场上有多个作为益生元的碳水化合物产品，但迄今只有四个是有良好的人体实验数据支持的，即菊粉、低聚果糖、低聚半乳糖和合成二糖——乳果糖，其他功能性低聚糖目前被列为可能的候选益生元。这四个益生元均是含有不同聚合度的寡糖或多糖的混合物，如菊粉是聚合度为2～60的果聚糖混合物。菊粉及其衍生物和果寡糖等相对分子质量较小的碳水化合物在自然界中分布非常广，如在洋葱、大蒜和韭菜中的含量都很高，而在谷物中含量却较低。蔗果型低聚果糖含有蔗果三、四、五糖及新蔗果三糖、四糖等。国内外研究表明，益生元具有调节肠道菌群、增强免疫力、润肠通便、促进矿物质吸收等作用，对结肠癌、炎症性肠道疾病和急性感染具有有益的影响。然而，益生元的临床证据表明相同益生元对不同人群效果不一，这可能是由于不同人群的肠道菌群具有特异性，益生元不仅能特异性增殖双歧杆菌、乳酸杆菌，还能改变整个肠道菌群微生态，致使存在个体差异化效应。

3. 益生元精准化研究进展

精准益生元是通过对益生元的物理化学性质、成分、结构、生理作用机制的研究和深刻理解，以现代精准营养的规律和要求为指导，针对不同人群或个体的菌群、代谢、营养特征和需求，以独立或协同作用的方式，实现益生元在微生态健康产品、生物医药研发、医疗服务等方面的精准化定制和科学配方。精准益生元将是基于人群或个体遗传背景、生活特征（膳食、运动、生活习惯等）、代谢指征、肠道微生物特征和生理状态（营养水平、疾病状态等）等因素的基础上的综合分析与精准使用。

从世界前沿的研究来看，益生元干预、治疗疾病的研究已开始细化至单一组分益生元的作用研究，逐步建立起"结构-菌群-功能"的对应关系。在对益生元组分的深入研究中逐步证实，益生元的种类及糖链的链长对人体健康的有益作用存在差异。例如，单一组分菊粉的聚合度对乳酸杆菌和长双歧杆菌的生长影响很大，随着菊粉的聚合度增加，乳酸杆菌的生长效果逐渐变差；聚合度大于12时，菌株不能生长；聚合度小于4时，对长双歧杆菌的促生长作用优于葡萄糖和果糖；聚合度大于5时，菊粉对长双歧杆菌的促生长作用随聚合度的增加而减弱。

天然多组分益生元：人类母乳中天然存在着一类益生元——人乳寡糖（HMOs），是一种低聚合度糖，是继乳糖、脂肪之后的第三大固体组分，在婴幼儿生长发育中起重要作用。人乳寡糖以乳酰-N-四糖、乳酰-N-新四糖、乳酰-N-六糖为核心结构，可以再度延伸或进行岩藻糖基化和唾液酸化，从而形成各种不同的人乳寡糖，总体包含中性低聚糖和酸性低聚糖。中性低聚糖可分为无岩藻糖基的低聚糖及含岩藻糖基的低聚糖，约占人乳寡糖含量的70%；酸性低聚糖是包含唾液酸及硫酸盐结构的低聚糖，约占人乳寡糖含量的30%。人乳寡糖具有调节肠道菌群、增殖益生菌、抑制有害菌的作用；可作为抗黏附型抗菌剂，以可溶性的诱饵型受体方式防止病原体黏附到婴儿的黏膜表面，降低婴儿肠道感染的风险；能够调节表皮细胞和免疫细胞应答，减少黏膜白细胞的过度浸润和过度激活；能够降低坏死性小肠结肠炎发生的风险；同时为婴儿提供唾液酸作为大脑发育和认知力提高的潜在必要营养物质。

对益生元在细胞生物学、分子生物学层面的生理功能机制及单一组分益生元功效和天然多组分HMOs等方面的精准化研究，对实现益生元在微生态健康产品、生物医药研发、医疗服务等方面的精准化定制和科学配方具有重要的商业价值以及社会、科学意义，也是益生元今后的重点发展方向。

4. 益生元产品

益生元产品的特征是使有益细菌增加和/或有害细菌减少、肠道pH降低、短链脂肪酸产生和细菌酶浓度改变等。抗性糊精在结肠发酵时表现出了益生元的这些作用。这些作用对消化道上皮内的结肠细胞有益，促使有益糖解菌群增加，降低结肠pH，并由此减少潜在致病菌群。在中国，抗性糊精已于2008年年底由公众营养改善微生态项目确认为益生元产品。

含有益生元的食品常见的有酸奶、乳饮料和果汁饮料等。这些饮料一般在饭前或饭后喝，能帮助消化、排除体内毒素，便秘的人长期饮用，可以慢慢调节肠道，缓解和治疗便秘。另外，益生元还被广泛用于焙烤食品、谷物早餐、婴儿食品等。益生元与益生菌组成的复合制剂作为膳食补充剂越来越受到人们的重视，如双歧杆菌和低聚果糖一同使用，可以发挥出更加理想的调节生理代谢的功能和营养价值，满足人们身体健康和防治疾病的需要。

七、合生元

合生元即益生菌和益生元同时应用的制品，通过促进外源性活菌在肠道中定植，选择性刺激一种或有限几种益生菌生长、代谢和繁殖，达到促进机体健康的目的。益生元可为肠道益生菌提供能量，促进其迅速增殖，可使益生菌增殖10～100倍。益生菌和益生元合用，效果更好、更有保障，这也是益生菌和益生元发展的一大趋势。

1. 什么是合生元

合生元又称合生素，指益生菌和益生元的复合制剂，亦可再加入酶素、维生素和微量元素等其他成分。合生元同时兼有益生菌和益生元两种功效，既可发挥益生菌的生理性细菌活性，又可选择性地快速增加益生菌的数量，使其作用更显著持久，并且能够达到一加一大于二的效果。益生菌首先必须要是活的微生物，才能发挥调节肠道菌群、肠道功能，促进营养物质吸收的作用。此外，在益生菌到达肠道后，若有足够的益生元作为食物，益生菌会更迅速地繁殖，力量越来越大，从而发挥更大的健康功效。如果没有益生元作为益生菌的食物，那么益生菌的功效就会大打折扣。益生元能通过助力益生菌的繁殖，在人体肠道微生态系统中发挥作用。因此，使用它们的复合制剂——合生元，能够更好地维护肠道的健康。

2. 合生元的作用方式

益生菌可促进低聚糖类益生元消化，而低聚糖类益生元又促进益生菌增殖。低聚糖可直接进入肠道被益生菌利用，产生挥发性脂肪酸，促进益生菌繁殖。此外，低聚糖一方面直接抑制病原菌生长，另一方面使肠道氧化还原电势降低，调节肠道正常蠕动，间接阻止病原菌在肠道中定植，从而起到益生菌的增殖因子作用。益生菌和益生元均可提高机体对病原性物质的抵抗力，影响机体免疫系统，提高免疫力。

3. 如何充分发挥合生元的功效

在合生元中添加的益生元，要求其能促进本制剂中益生菌在肠道中的定植和增殖，这就需要益生菌和益生元在种类和数量上合理搭配。因此，不是所有益生菌和益生元的混合物都是合生元，既要发挥益生菌的生理活性，又可选择性地增加该菌的数量，为此益生元应为益生菌所需要的专一性底物并能够较易获得，提高益生菌的存活率，进而发挥二者的联合效应，使益生菌作用更显著持久。因此对不同的个体，不同的病患，不同的肠道菌群，合适的益生菌和益生元也会有所不同。

益生菌和益生元在种类和数量上合理搭配组合成合生元，对疾病的预防、缓解和治疗才会产生更加好的效果。合生元中的益生菌和益生元要协同作用，才会发挥互相增强的双重作用。如益生菌和益生元的组合可以进一步地减少恶性肿瘤的发生；一些研究显示，益生元与益生菌在对肥胖、糖尿病的治疗过程中有协同效应，虽然机制并不十分明确，但是协同作用可能与益生元本身对肠道菌群的调节以及增强益生菌的定植能力有关。

近年来由于合生元有较高的安全性而逐渐被人们所关注，这些微生态制剂进入肠道后，促进益生菌大量繁殖，调节肠道紊乱的菌群结构恢复正常，进而帮助机体恢复健康水平。针对不同疾病的不同程度，选择合适的微生态制剂对治疗效果有很大帮助。但是对于益生菌和益生元如何合理地搭配才能使肠道菌群益生作用最大，这还需要相关研究人员的进一步研究。

　　合生元通过调节肠道微生态，来提高动物的健康水平和生产性能。这种微生态调节剂通过多种途径弥补了抗生素的不足，在畜牧业中为开发和利用"绿色饲料"等方面提供了广阔前景，另外也为人类获得健康安全的食品开辟了新的途径。

第三章

益生菌的健康功效

　　大健康时代的健康产业的概念已从依赖抗生素等药物的救治模式转向"防-治-养"一体化模式，这对于缓解因抗生素和药物的滥用对人类健康和生态环境造成的严重威胁起到了积极的作用。近年来，益生菌凭借其安全、可靠、性能优良的特点，在疾病的预防、治疗和重症修复过程中受到越来越多的关注，它对人体健康的影响作用正逐渐被人们所验证。近年来，随着宏基因组学（通过直接从环境样品中提取全部微生物的DNA，构建宏基因组文库，利用基因组学的研究策略研究环境样品所包含的全部微生物的遗传组成及其群落功能）、宏转录组学（基因组一般指的是DNA，而转录组则指的是RNA）以及代谢组学等技术的应用和发展，大量的研究开始探讨肠道菌群的组成结构和功能变化与疾病的关系。有研究表明，肠道菌群失调与炎症性肠病、糖尿病、高血压、肥胖、肿瘤、心血管疾病、神经系统疾病、过敏性疾病、风湿免疫性疾病、慢性肾脏病等多种疾病的发生发展过程相关。益生菌在提升人体健康水平中扮演着举足轻重的角色，它具有改善便秘、缓解腹泻、降低胆固醇、增强免疫力、预防和治疗自闭及抑郁症、抗肿瘤和保护口腔健康等功效。益生菌膳食补充剂和益生菌非处方药等产品已在医药领域得到广泛应用，临床上使用益生菌药物对一些疾病的防治也取得了积极的作用。

随着对益生菌与疾病关系研究的不断深入，益生菌在新型及重大疾病防治领域的新功能不断刷新着人们的认知。学术界还需进一步加强益生菌的基础研究，继续开发益生菌在疾病防治领域的新功能。近年来，越来越多的证据表明，人体肠道内的微生物种群变化与人类自身的健康和疾病存在密切关系。虽然在人们的日常饮食中补充益生菌并非必需要求，但是越来越多的人正在通过补充益生菌来促进消化、提升免疫力等，以提高身体健康水平。

本章将根据近些年来对益生菌的深入研究，对其健康功效进行综述。

一、益生菌对健康的改善有很大的助益

（一）益生菌有助于营养物质的消化吸收

人的膳食结构十分丰富，包含豆类、动物性食品、蔬果类、谷类等。人最主要的消化器官是肠道，面对如此复杂多样的食物的消化，肠道请共生的益生菌群来帮忙。益生菌利用本身特有的某些酶类，如蛋白酶、淀粉酶、脂肪酶、果胶酶、葡聚糖酶、纤维素酶和半乳糖苷酶等，补充宿主在消化酶上的不足，帮助肠胃消化摄入的蛋白质、脂肪、糖类（淀粉、纤维素等）等营养物质，提高营养物质的消化率和能量的利用率。益生菌及其代谢产物还能够促进宿主消化酶的分泌，从而促进食物的消化吸收。乳酸菌具有磷酸蛋白酶，能将乳制品中的 α -酪蛋白分解成微细的奶酪脂肪肽和氨基酸等小分子，将蛋白质转变为短链脂肪酸以利于吸收，从而提高蛋白质的消化吸收率。乳制品被乳酸菌发酵后，会使其中的脂肪呈微细的脂肪球，使胆固醇转化为胆汁酸从而促进脂类消化。嗜酸乳杆菌可分泌消化乳糖的乳糖酶，把乳糖分解成半乳糖，从而缓解乳糖不耐症，使大便正常，对婴儿脑的成长发育有利。人体不能消化纤维素，但人肠腔内庞大的菌群却可以将肠腔内膳食纤维分解成葡萄糖为宿主供能。肠道为益生菌提供厌氧环境作为住所，益生菌帮助肠道分解各类营养物质供人体吸收。

营养不良通常是营养摄入量不足、吸收不良或过度损耗营养素所造成的，但也包含暴饮暴食或过度摄入特定的营养素而造成的营养过剩。如果没有由适当数量、种类的营养素所构成的健康饮食，个体则会出现营养不良。孩子的营养不良是全球性的健康问题，肠道微生态失调是导致营养不良很重要的一个因素，会使人体的营养失调并引起健康问题。在研究人不同年龄阶段的营养需求时，肠道微生物需要重点考虑。在怀孕期间和婴儿的前两年，是干预和改善儿童营养不良和感染的最重要时期，如果儿童在此期间营养不良，而等到两岁以后才进行治疗，会造成不可逆转的伤害。人的肠道菌群的建立是在生命的前三年，如果在这期间肠道这一代谢"器官"的发展能够得到修复，会对儿童的健康成长起到促进作用。曾有研究证实，肠道微生物与夸休可尔症[①]相关。研究者收集了患夸休可尔症双胞胎孩子粪便中的微生物，并将其定植在无菌小鼠体内，保持其他实验条件与之前相同，接受定植夸休可尔症菌群的小鼠体重明显减轻，而对照组接受定植健康双胞胎肠道微生物的小鼠，体重却没有减轻。

（二）益生菌能够产生重要的营养物质

正常肠道菌群在某种程度上是"被忽视了的营养库"。人体结肠内

---

① 夸休可尔症，目前普遍认为是由于蛋白质摄入不足而导致的一种恶性营养不良症。

细菌酵解的基本底物来自上端消化道未消化的碳水化合物和机体本身产生的碳水化合物。益生菌在自身代谢过程中能产生重要的营养物质，如合成B族维生素和维生素K以及肠道上皮细胞的营养物质；益生菌还能产生多种短链脂肪酸，降低肠道微环境的pH，对致病菌的生长、肿瘤（如结肠癌等）都有抑制作用；益生菌产生的抗氧化剂、氨基酸等物质，对骨骼成长和心脏健康有重要作用。乳酸菌发酵后产生的乳酸可提高钙、磷、铁的利用率，使钙、钾离子化后利于吸收，同时能促进维生素的吸收。

（三）益生菌能预防肠道疾病

随着不良生活方式的形成、精神压力的增大及环境毒素日益增多，病毒会超过并破坏益生菌，造成体内微生态系统的失衡，于是胃肠道疾病（便秘、腹泻、溃疡、胃癌、结肠癌、直肠癌等）、冠心病、肥胖症、孤僻症、糖尿病、老年痴呆症等各种疾病就会接踵而至。肠内疾病是"万病之源"，肠道健康才是健康之本，健康必须"从肠计议"，"肠治才能久安"，肠道年龄才是人的真实年龄。便秘、腹泻、长青春痘是肠道功能老化最常见的表现，许多人对肠道健康不重视，往往把这些当成小毛病，但如果不及时注意改善，以后很可能发展成为大病，以致肠癌。在我国全民大健康事业中，肠道疾病正越来越受到重视。益生菌可维护肠道菌群的健康稳态，刺激宿主的免疫系统，增强宿主的免疫应答反应，从而帮助宿主预防、调理以及治疗各类疾病。2005年世界卫生组织指出，肠道微生态失衡已成为全球化问题，预防肠道疾病要做到以下几点：

1. 肠道要通畅

我们知道肠道每隔18～24小时就需要来一次"大扫除"。如果这种大扫除功能出现故障，或运作出现一点偏差，食物残渣也会在肠道内慢慢堆积。研究资料显示，这些粪便残留物的厚度可达5～7厘米，且其坚硬程度可与轮胎相比拟。很多人在上厕所时突然去世，我们一般归因为心肌梗死或脑出血。其实，很多人是由于难以排泄掉肠内废物，用力过度，而诱发心肌梗死或脑出血。另外，长此以往废物堆积在肠腔内，也会阻碍人体组织对维生素及矿物质的吸收，导致营养不良，出现低蛋白血症。诸如贫血、维生素缺乏症、骨质疏松等疾病就接踵而至。

2.肠道要清洁

食物残渣的滞留对肠道内壁造成恶性刺激，可诱发炎症，甚至痉挛。这种状况会进一步扰乱肠道的吸收作用，加重营养不良程度。更为糟糕的是，有害菌会因此而大量滋生，分泌毒素，造成机体慢性中毒。于是，会渐渐感到疲劳、失眠、精神恍惚、关节肿痛等，女性还会出现痛经的症状，风湿病、心脏病、癌症等重大疾病也会接踵而至。

由于人们忽视肠道健康，缺乏有关肠道的知识，一旦发现疾病，已经属于晚期，丧失最佳治疗时机。其实肠道疾病是可以预防和治疗的，重要的是要做好肠道保健。肠道保健的策略，首先要坚持膳食结构的平衡合理，一日三餐的饮食应做到粗细搭配，荤素都吃，尤其是要常吃些全谷类、薯类、豆类、蔬菜瓜果等富含膳食纤维的食物。其次是吃饭定时定量，不暴饮暴食，不酗酒，注意饮食卫生等，这对保持肠道年轻也很重要。

3.肠道疾病适用的益生菌

肠道疾病辅助治疗常用菌株有：鼠李糖乳杆菌、乳双歧杆菌、嗜酸乳杆菌、副干酪乳杆菌、罗伊氏乳杆菌、干酪乳杆菌、植物乳杆菌、*Escherichia coli* Nissle 1917（EcN）、*Saccharomyces cerevisiae* var. *boulardii*。益生菌的作用效果：减轻服用抗生素的腹泻患者的症状；辅助药物治疗，可降低治疗引发的副作用；可有效缓解肠易激综合征患者腹痛、腹胀等症状，减少呕吐发生的频率；可以治疗霍乱感染的腹泻症状，改善各种腹泻状况。有研究证实，干酪乳杆菌增强了Caco-2（一种人克隆结肠腺癌细胞，结构和功能类似于分化的小肠上皮细胞）单层的完整性，并恢复了其通透性，抵消了与肠炎症相关的微生态失调。

（四）益生菌能增强免疫力

肠道是最大的免疫器官，在人一生中，95%以上的感染性疾病直接或间接与消化道有关。肠道黏膜面积约有一个网球场大，它的结构和功能使其成为一个强大的黏膜免疫系统。肠道黏膜免疫系统包括肠道相关淋巴组织、淋巴细胞及免疫因子。肠道菌群的存在对肠道黏膜免疫系统的发育和成熟有重要作用，而这一作用具有年龄依赖性，在新生儿和婴儿期尤为重要，能够对以后许多免疫反应的结果起决定作用。益生菌通过免疫排斥、免疫排除和免疫调节，促进肠黏膜免疫系统的发育，增强肠道屏障功能，促进免疫耐受的建立。

1. 益生菌促进肠道黏膜免疫系统

肠道黏膜免疫系统最主要的功能是排除抗原或对抗原形成耐受。研究认为，肠道菌群可能是促进出生后肠道黏膜免疫系统发育和成熟的基本因素，对肠道黏膜免疫应答有调节作用。实验说明，益生菌能通过改善肠黏膜的屏障功能，促进特异性和非特异性免疫球蛋白IgA抗体的产生，增强免疫系统的功能。

2. 益生菌增加肠道免疫系统免疫细胞的数量和活性

益生菌能增加肠道免疫系统免疫细胞的数量和活性，从而增强肠道的抗感染能力，但不同益生菌的免疫作用途径可能会有不同。口服益生菌对全身免疫系统也有效应，且能阻挡病原体的侵袭，具有调节消化道免疫、营养物质吸收、能量代谢和增强肠道生物屏障等功能。益生菌除经胃肠道作用外，一些动物实验表明，经腹腔或静脉注射益生菌对免疫系统也有刺激作用，不仅能增强其对感染的抵抗力，而且还能抑制肿瘤细胞生长。

3. 益生菌对非特异性免疫的作用

益生菌通过内吞作用直接抵达感染部位抑制致病菌的增殖，同时也提高宿主的免疫力，增强对致病菌的抵抗能力。如乳酸菌影响非特异性免疫应答，能使肠上皮淋巴细胞活性增强，并诱生多种淋巴因子，增强单核吞噬细胞（单核细胞和巨噬细胞）、多形核白细胞的活力，刺激活性氧、溶酶体酶和单核因子的分泌；双歧杆菌能明显促进小鼠碳粒廓清指数和腹腔巨噬细胞的吞噬能力，提高小鼠NK细胞的活性。益生菌可促使机体产生对抗同类病原菌的抗体及一些有抑制作用的产物，产生以某种免疫调节因子形式发挥作用的活性因子，刺激宿主的免疫系统，增强机体的固有免疫应答反应，增强体液免疫和细胞免疫。益生菌的代谢产物，或是益生菌大量摄入促使宿主自身产生的某些代谢产物同样具有抗炎的功效。

4.益生菌对特异性免疫的作用

益生菌可以调节体液中免疫球蛋白，促使其水平上升。益生菌黏附上皮细胞，刺激肠道淋巴组织，促使大量的免疫细胞向感染位点集结，形成初步的特异性免疫反应标记。研究显示，B细胞产生抗体（包括免疫球蛋白 IgG、IgM和IgA）之前接受肠道细菌或其产物刺激是必需的，并且抗体产生多少取决于定植细菌的性质。如乳酸菌刺激特异性免疫应答，加强黏膜表面和血清中免疫球蛋白IgA、IgM和IgG水平，促进T、B淋巴细胞的增殖，提高机体的免疫力。健康人每天服用小剂量益生菌，不仅能增强巨噬细胞吞噬活性等非特异性防御作用，粪便中分泌型IgA（sIgA）的分泌量也明显增加。

（五）益生菌在提升运动表现方面的应用

虽然益生菌在提升运动表现方面的应用还处于早期阶段，但这一应用的关注度在不断提高，特别是在体育领域，故益生菌的蓬勃发展只是时间问题。与其他人相比，喜爱运动的人群对自身健康更加关注，对营养摄入的需求更高，因此对保健食品有着更大的需求。益生菌作为保健食品中的重要一员已经逐渐被人们所接受。据欧盟委员会（EC）的相关数据显示，过去三年中与健康相关的微生物组研究项目的数量几乎翻了一倍，欧盟在这一方面的资金投入也几乎是非健康相关的肠道研究项目的两倍，着重研究细菌对运动表现和恢复，以及营养物质的消化和吸收可能产生的影响。科学研究表明，益生菌对微生物组前期有实际影响，服用后对健康更是产生有益的作用，但是由于每个人体内的微生物组各不相同，且细菌的数量和比例也有差异，这是研制益生菌有效配方时遇到的最大阻碍。虽然某些细菌对人体影响的"好"与"坏"已经有了明确结论，但还需要必要的证据来规定给予每个人每种益生菌最有益的类型和数量。

二、肠道微生态与肿瘤

肠道菌群在维持肠道稳态、肠道代谢和肠道免疫系统方面具有重要作用，其通过直接或间接的方式影响肿瘤的发生。肿瘤的发生过程常常伴随着肠道微生态的失调。肠道菌群会合成多种代谢产物，这些产物在肿瘤的发生和发展过程中发挥了不同作用。研究普遍认为，肠道菌群失衡导致机体局部和全身的慢性炎症反应是肿瘤发生的重要机制。肠道菌群不但参与了肿瘤的发生与发展，也参与了肿瘤的治疗。在肿瘤发生之前，良好的肠道微生态有助于减少肠道来源的有害物质，维护肠道黏膜完整性，减轻炎症反应；而在肿瘤形成阶段，良好的肠道微生态则能刺激机体强大的免疫系统来对抗肿瘤，减少肿瘤细胞增殖并促进其凋亡。当前治疗恶性肿瘤使用的化疗或放疗对患者副作用大，会导致各种不良症状。在利用化疗或免疫疗法治疗肿瘤时，肠道菌群是抑制肿瘤免疫逃逸并增加药物敏感性的关键因素。有研究表明，具有较强的预防肿瘤发生、抑制肿瘤生长作用的益生菌，却未对正常组织造成破坏，具有不损伤正常组织细胞的突出优势。益生菌的抗肿瘤作用主要包括抑制与诱变剂、致癌物的产生相关的微生物群的生长，改变致癌物的代谢，保护

DNA免受氧化损伤以及调节免疫系统。目前，对益生菌抗肿瘤作用的研究是研究热点，但益生菌研究已经不仅仅局限于胃肠道肿瘤方面，也正在向人体其他部位扩展。有研究发现，益生菌能够影响结肠癌细胞的增殖、凋亡和黏附等恶性生物学行为。所以，维护肠道菌群的健康及多样性，会对癌症的治疗有重要的影响。

（一）肠道微生态与肿瘤

1. 肠道微生态与肿瘤的发生

肿瘤的发生过程常常伴随着肠道微生态的失调。肠道菌群会合成多种代谢产物，这些产物在肿瘤的发生和发展过程中发挥了不同作用。一方面，人体肠道内的某些细菌及其代谢物、酶类会促进结直肠癌的发生；另一方面，一些细菌及其代谢产物能够保护肠壁细胞，进而抑制结直肠癌的发生。结直肠癌患者与健康成人相比，其肠道菌群具有显著性差异，主要表现为细菌多样性减少以及特定致病菌定植增多。结直肠癌患者有更多的肠球菌、埃希氏杆菌、克雷白氏杆菌、链球菌等，同时罗氏菌和一些产丁酸盐细菌显著减少。在易患肠癌的人群中发现，他们有更多的肠道菌群代谢食物时产生的次级胆汁酸，而产丁酸盐细菌的数量较少。益生菌的使用可改善肠道微环境，减少肠道炎症反应，这极大地减弱了肝肠肿瘤的生长。从肝肠病学的观点看，乙肝病毒引起的慢性乙型肝炎和肝硬化可对肠道微生态产生消极影响，肠道菌群的失衡会与乙肝病毒作为协同因素，即通过肝-肠轴促进肝癌细胞局部微环境的形成，促进该癌症的发展。另外，其他一些器官中，其微生态的变化也同样与癌症的发生息息相关，如肺、皮肤、口腔和女性外生殖器等。比如在慢性阻塞性呼吸道疾病中，伴随着菌群定植增加，目前被认为是促进肺癌发生的高危因素。有研究报道，西方饮食模式导致大量的脂肪堆积在肠道中，机体的肠道菌群会发生改变，可能使其更能利用肠道内类固醇产出雌激素，从而促进乳腺癌的发生。特定肠道致病菌可以作为

"driver"，诱发肠上皮细胞DNA损伤，启动细胞癌变。

2. 肠道微生态与肿瘤的预警和诊断

癌症不能早期发现是当前治疗的一个瓶颈。鉴于微生物与癌症的密切联系，如果能够发现癌症早期的菌群变化规律，使之成为癌症预警的生物探测靶点，将对于癌症的治疗有十分重要的意义，这也是当前研究的一个重点。目前的研究已经掌握了与多种癌症发病相关的微生物种类和变化。利用粪便中的肠道微生物可进行结直肠癌的早期诊断或癌症筛查，比较结直肠癌患者与正常人的肠道微生物发现，结直肠癌患者的肠道优势菌群为一些致病菌，如致病性大肠杆菌、梭杆菌属、脆弱拟杆菌、放线菌以及嗜血杆菌等，而正常人的肠道优势菌群以厚壁菌、拟杆菌为主，以及较少的尤微菌、产甲烷古细菌、酵母菌。在结直肠癌不同的发展阶段，患者肠道菌群存在规律性变化。与正常人群相比，腺瘤和结直肠癌患者的厚壁菌门和放线菌门丰度显著降低，而具核梭杆菌、假单胞菌和拟杆菌随着疾病的进展呈规律性增加。大肠杆菌与脆弱拟杆菌在结直肠癌组织中普遍存在并且与肿瘤分期和预后相关，两者对结直肠癌的发生发展均有明显的促进作用。近年来，随着宏基因组（也称微生物环境基因组，主要指环境样品中的细菌和真菌的基因组总和）数据的不断更新，研究人员发现利用粪便中的肠道微生物进行宏基因组标记可进行相关疾病（如结直肠癌）的早期诊断或癌症筛查，且通过聚合酶链反应（PCR）定量的特异性标志物可以对疾病状态进行分类，并通过基因标志物的水平预测患者的存活能力，为肠道菌群特别是部分益生菌功能的开发与应用奠定了基础。

3. 肠道微生态与肿瘤的治疗

恶性肿瘤已成为当今医学界面临的首要难题之一。一些益生菌能够影响结肠的生理、代谢和免疫稳态，具有抗炎、抗增殖和抗癌特性，有助于癌症治疗。一些益生菌能抑制致病菌，使致癌化合物失去活性从而具有防癌抗癌作用。例如，乳酸菌通过竞争抑制致病性肠道菌群生长，改变肠道微生物区酶的活性，减少致癌物质的产生，并与致癌物质和诱变剂结合，增加短链脂肪酸的合成来预防癌症并阻碍其发展；有研究表明，嗜酸乳杆菌对预防和治疗癌症具有一定的应用价值；唾液乳杆菌REN（*L. salivarius* REN）对结肠癌具有显著预防作用。环磷酰胺（CTX）常用于治疗免疫性疾病和肿瘤，研究证明，肠道菌群在环磷酰胺发挥抗肿瘤作用和免疫调节作用中是必不可少的。同时，环磷酰胺已被证实可减少肠道拟杆菌门数量，增加厚壁菌门数量。因为试验动物和人类的肠道菌群有显著差异，且关于人体肠道菌群调控肿瘤治疗的研究还较少，所以肠道菌群对人体内肿瘤的治疗效果还不十分明确。通过靶向调节肠道菌群来辅助肿瘤治疗，将会推动精准医疗的发展。

益生菌可以增加肠道内普氏菌及颤杆菌等有益菌的数量，而这些有益菌可通过生产抗炎症反应物质，帮助调节性T细胞（简称Tregs，是一类控制体内自身免疫反应性的T细胞亚群）和适应性调节T细胞亚群（如Tr1细胞）分化，改变肿瘤微环境中的炎症反应，从而抑制肿瘤生长。黄曲霉毒素是一种由真菌代谢产生并极具致肝癌作用的毒素，而口服益生菌（鼠李糖乳杆菌与费氏丙酸杆菌混合制剂）可以抑制人体对黄曲霉毒素的吸收，有望能预防或减少肝癌的发生。

益生菌对结直肠癌、胃癌及肝癌均有一定治疗作用，同时也可缩短癌症治疗后期患者的腹泻时间，降低腹泻发生频率。在多种治疗癌症的手段中，良好的肠道微生态更是提高疗效所不可或缺的。肠道菌群可通过调节"免疫检查点"促进抗肿瘤免疫治疗。"免疫检查点"是一类免疫抑制性分子，其生理学功能为抑制T细胞发挥作用，在肿瘤组织则被肿瘤利用并帮助其免疫逃逸。目前美国FDA批准临床上可利用抑制"免疫检查点"治疗黑色素瘤和肺癌，比如CTLA-4（细胞毒性T淋巴细胞相关蛋白4，一种白细胞分化抗原，也是T细胞上的一种跨膜受体）或PD-1抗体（程序性死亡受体1，是一种重要的免疫抑制分子）促进T细胞重新活化、识别并杀死肿瘤细胞。肠道菌群在免疫系统的形成和天然免疫反应中起到了重要作用。

研究发现，与正常人相比，晚期胃肠道肿瘤病人的肠道菌群中双歧杆菌、乳酸杆菌及酵母菌的数量明显减少，服用双歧杆菌三联活菌胶囊1个月后，病人的肠道菌群趋于正常，且病情显著好转，有效率高达92.0%；利用乳酸乳球菌研究益生菌对胃肠道肿瘤的抑制作用，结果表明，48小时后益生菌对肿瘤细胞的增殖抑制作用达90%；研究发现，口服益生菌（双歧杆菌）联合抗 PD-L1（程序性死亡-配体1，是跨膜蛋白，与免疫系统的抑制有关）免疫治疗几乎可以完全抑制肿瘤的生长，其机制包括增强T细胞浸润进入肿瘤微环境、调节细胞因子受体活化等；从韩国泡菜中分离获得的益生菌 *Bacillus polyfermenticus* KU3 可有效抑制人宫颈癌细胞的扩散与增殖，与其具有较高同源性的益生菌 *Bacillus polyfermenticus* SCD已在日本和韩国长期用于肠道疾病的治疗，该益生菌还具有降低胆固醇、抗氧化等作用，对结肠有较强黏附性，可抑制结肠癌细胞和人乳腺癌细胞的增殖。

治疗癌症适用益生菌。常用菌株：嗜热链球菌、双歧杆菌、嗜酸乳杆菌、植物乳杆菌；作用效果：化疗及其药物会加剧肠道紊乱，导致其他并发症的发生。益生菌通过维持肠道黏膜屏障、产生抑制病原体生长的微生物因子、与有害微生物竞争营养物质、诱导毒素降解、调节肠道中酶的活性，以及激活免疫应答来辅助治疗。服用肠道微生态调节制剂有助于降低患肠癌的风险，其机制包括使致癌物质失活、增加肠道酸性、调节肠道免疫作用、调节细胞凋亡与分化以及抑制酪氨酸激酶信号通路等。一些特殊的肠道菌群，如梭杆菌和肠杆菌的发现为我们研究肠道微生态与肿瘤的关系提供了契机，而厚壁菌门则能够延缓，甚至逆转癌症发生的过程。合生元对癌症的治疗作用优于单独的益生菌、益生元的作用，且益生菌对放、化疗所致的肠道损害（如腹泻等）具有一定改善作用。

（二）益生菌防治大肠癌

大肠癌是常见的恶性肿瘤，包括结肠癌和直肠癌。中国年平均新发大肠癌病例13万，并以年平均4％的增幅不断攀升，到2020年年底，中国可能有550万人罹患该病。在癌症发病排名中，大肠癌已由第六位上升至第二位。结直肠癌是世界范围内发病率和致死率位居前三的恶性肿瘤之一。由于癌瘤所在的部位不同，临床表现也就有所不同，便血时出血量和性状各不相同。结直肠癌（CRC）最常见的症状是粪便中有血、便后滴血或在卫生纸上有血，排便习惯改变等。直肠癌是从齿状线至直肠乙状结肠交界处之间的癌，主要表现为大便次数增多，粪便变细，带黏血，伴有里急后重或排便不净感。右侧结肠癌时，可有腹泻、便秘、腹泻与便秘交替、腹胀、腹痛、腹压痛、腹块及进行性贫血，在晚期可有肠穿孔、局限性脓肿等并发症。左侧结肠癌时，容易发生慢性肠梗阻，患者大多有顽固性便秘，也可间以排便次数增多、腹胀、腹痛、肠鸣及肠型明显。

1. 肠道菌群失调诱发结直肠癌的发生

结直肠癌患者与健康成人相比，其肠道菌群具有显著性差异，结直肠癌患者肠道内更多的是肠球菌、埃希氏杆菌、克雷白氏杆菌、链球菌等，罗氏菌和一些产丁酸盐细菌显著减少，丁酸盐提供菌的减少和条件致病菌的增加致使患者的肠道菌群结构严重失衡，间接促进了结直肠癌的严重性。饮食习惯对结直肠癌的影响很大，究其原因则是饮食习惯改变了肠道菌群的结构和活性，例如摄入的杂环胺的量增加，维生素类包括维生素D的摄入量减少与肠道菌群的组成差异有直接关系。某些肠道微生物在参与营养物质代谢的过程中产生的代谢产物对肠道上皮细胞具有毒性作用，若受损的肠道黏膜上皮不能完全修复会导致其具有致瘤性，使肠道黏膜促炎症反应的信号传导机制异常，导致肠道黏膜上皮的损伤加剧，出现瘤形成和恶变。肠道微生物与炎症有着密不可分的联系，肠道菌群失调可导致慢性炎症的发生，进而促进结肠表皮细胞的活性氧以及一氧化氮的释放，进一步诱发DNA的损伤，破坏基因组的稳定性，最终诱发结直肠癌的发生。炎症改变寄主的生理功能而促进癌症，炎症性肠道可以直接导致结直肠癌。通过记录嗜酸乳杆菌ATCC 314和发酵乳杆菌NCIMB 5221对结直肠癌细胞的抗氧化、抗增殖和促凋亡活性，探索其在小鼠模型中抑制肿瘤生长和调节细胞增殖的作用。结果表明，两种益生菌共培养时的抗肿瘤活性显著增强，肿瘤细胞的增殖显著降低，这表明嗜酸乳杆菌和发酵乳杆菌共同培养时具有很强的抗肠内肿瘤发生的保护作用。

2. 改变肠道菌群组成可改善结直肠癌

益生菌能防治结直肠癌，主要通过调整肠道菌群、调节机体免疫、抗炎、代谢使致癌物失活、抗氧化和诱导肿瘤细胞凋亡等机制发挥作用。通过肠道菌群的组成及肠道内环境的改变而对直肠癌、结肠癌有很大的改善作用。一方面，人体肠道内的某些细菌及其代谢物、酶类会促进结直肠癌的发生；另一方面，一些细菌及其代谢产物能够保护肠壁细胞，进而抑制结直肠癌的发生。这些细菌及其代谢物主要包括：① 硫酸盐还原菌作为人体肠道内的正常寄居者，可以分解有机酸、氨基酸和短链脂肪酸等物质，还原硫酸盐合成硫化氢。调查显示，结直肠癌患者肠内的硫酸盐还原菌数量较多，粪便和肠腔中硫化氢含量也较高。② 次级胆汁酸是具有促癌作用的细菌代谢物，在结肠癌细胞系中可抑制抑癌基因的表达。此外，次级胆汁酸还可作用于化生上皮和基底细胞，促进血管内皮生长因子的分泌，加快肿瘤血管的形成，进而便于肿瘤的浸润和转移。③ β-葡萄糖醛酸酶在肠道中能够水解多种葡萄糖醛酸苷，促进致癌物质的释放。④ 双歧杆菌是肠道中数量最多的益生菌。在大肠癌裸鼠移植瘤模型中，双歧杆菌可通过促进某个基因的表达，下调另一个基因的表达，促进癌细胞凋亡，进而抑制大肠癌的发生和发展。⑤ 短链脂肪酸主要包括乙酸盐、丙酸盐和丁酸盐，是肠道中重要的代谢产物。研究证明，短链脂肪酸有抗肿瘤作用，而其抗肿瘤活性主要源于游离的羧基和双键。肠道细菌分解多聚糖产生的丁酸盐，已被证实能够促进大肠癌细胞的凋亡。

3. 益生菌可以作为结直肠癌术后和化疗的辅助治疗

化疗是目前结直肠癌患者手术后的主要治疗方式，而化疗会破坏胃肠道的正常功能，导致腹泻、肠道微生物组的成分和功能丧失，厚壁菌门和放线菌的数量减少，而变形菌增强。益生菌物质可以恢复或加强化疗药物的抗癌作用。在结直肠癌患者手术前给予益生菌，可改善肠黏膜屏障完整性，增强机体免疫能力，减轻术后炎症反应，降低感染率和抗生素使用时间；而在术后补充益生菌或合生元，可以显著改善患者的免疫情况，减少肿瘤的复发及转移，还能有效地改善胃肠肿瘤病人术后的营养状况，有利于术后恢复。例如，口服鼠李糖乳杆菌可以降低化疗后腹泻和肠黏膜炎的严重程度。

（三）肠道微生物与肝癌

肝癌是外科疾病中的常见病和多发病，大约有80%的慢性肝病、肝纤维化和肝硬化发生之前就有肝癌组织出现。慢性肝病一般都伴随着肠道菌群和病原相关分子的转移，包括肠道细菌引起的炎症免疫反应。

1. 肠道微生态失衡会促进肝癌的发展

肠道微生物释放的代谢产物会影响宿主的代谢和免疫力，其在肝癌乃至全身的肿瘤细胞中都起着关键的控制作用，因此肠道微生态失衡会促进肝细胞性肝癌（HCC）的发展。在肝癌以及肝硬化患者的血清中脂多糖（LPS）有不同程度的升高，提示了肠道菌群失衡往往与肝癌、肝硬化相伴随。肠道微生态失衡促进肝癌发生发展主要是与不断加重的慢性炎症以及鞭毛蛋白、肽聚糖、脂多糖、Toll样受体4（TLR4，TLR为一种受体，在天然免疫中有识别作用，TLR4不但可识别外源的病原体，还可识别内源性物质及降解物）相关。以往发现的肥胖或高脂饮食对肝癌的促进作用，其实是肥胖引起的肠道微生态失衡所造成的，肠道菌群失衡后能更有效地促进机体吸收与储存能量物质，并产生更多的脱氧胆酸，通过活化TLR4信号通路以及增加衰老相关分泌组学的表达，促进肝癌的发生发展。肠道菌群通过肝星状细胞上的TLR4促进有丝分裂原免疫调节的表达和抑制凋亡，进而促进肝癌的发展。肝癌的重要病因是乙肝病毒（HBV）。从肝肠病学的观点看，乙肝病毒引起的慢性乙型肝炎和肝硬化可对肠道微生态产生消极影响，肠道菌群的失衡可与乙肝病毒作为协同因素，即通过肝-肠轴促进肝癌局部微环境的形成，促进肝癌的发展。

2. 调节肠道菌群可以有效地减少肝癌

肠道定植的肝原螺旋杆菌足以加速黄曲霉毒素和C型肝炎病毒诱发的肝癌，并与信号调控网络的激活、促进肿瘤细胞增殖并抑制其凋亡有关，而益生菌则能够减轻这些效应。益生菌可改善肠道微环境、减少肠道炎症反应，大大地减弱了肝脏肿瘤的生长。因此，在多种促进肝癌发生发展的因素中，肠道菌群均起到了决定性的作用。目前越来越多的科学家已认同，通过调节肠道菌群可以多途径有效地减少肝癌的发生与发展。

（四）益生菌对接受化疗或放疗的肿瘤患者菌群失调进行调节和纠正

化疗或放疗均为治疗恶性肿瘤的常用方法。化疗药物在对肿瘤细胞进行有效杀伤的同时，致使菌群紊乱，对于增殖活跃的消化道上皮细胞同样具有损伤作用，诱发黏膜的微炎症，临床表现为恶心、呕吐、食欲减退、腹痛、便秘、腹泻、营养物质丢失及毒素被吸收等，不但影响患者康复，还有可能迫使化疗、放疗中断。另外，化疗药物的毒副作用还可以杀死诸如粒细胞等相关免疫细胞，影响机体免疫力。患者可以直接通过益生菌补充由于化疗和手术致使机体欠缺的生理细菌，益生菌可以通过对肠道进行黏附定植，维持肠道微生态平衡，维护肠道屏障功能，对肠道免疫功能以及菌群失调进行调节和纠正。当结肠癌患者进行化疗及放疗时，补充益生菌制剂可以有效地调节结肠癌患者肠道菌群的平衡，减轻肠道黏膜微炎症反应，改善肠道黏膜屏障，提高机体免疫力，增强非特异性免疫功能。益生菌还可以与病原菌竞争肠上皮细胞，并且其代谢物可以改变肠内环境，抑制病原菌的生长。相对于其他益生菌，哪一种益生菌对预防化疗和放疗所致腹泻的效果最好目前尚无一致结论。目前倾向于采用多种菌株的混合制剂。益生菌是一类活的微生物，有助于维持宿主消化道内有益微生物的平衡，可以降低肿瘤放疗和化疗所致腹泻的发生率，尤其是放疗所致腹泻的发生率。在结肠癌患者化疗期间，补充益生菌来调整患者的肠道菌群分布，可以降低化疗后患者并发症的发生，值得临床推广。

三、肠道微生态与心脑血管疾病

心脑血管疾病是一种严重威胁人类健康，特别是50岁以上中老年人的常见疾病，具有发病率高、致残率高、死亡率高、复发率高、并发症多等特点，即使是应用目前最先进的治疗手段，仍有50%以上的意外幸存者生活不能完全自理。通过对肠道菌群的研究，可以发现其在心脑血管疾病中的作用，为心脑血管疾病的治疗找到了一条潜在的途径。

1. 肠道微生物与心脏病的关系

近年来，研究人员把心脏病的研究扩展到肠道菌群中，发现肠道菌群与心脏病有一定的联系。与正常人相比，患有心肌梗塞或者中风的病人身体中有过多的磷脂酰胆碱代谢产物。磷脂酰胆碱的代谢物胆碱，通过肠道微生物的作用而转化为三甲胺，三甲胺进一步在肝脏进行代谢，转化为氧化三甲胺，而氧化三甲胺会促进斑块的增长和心血管疾病的发生。

2. 肠道微生物与血脑屏障的关系

血脑屏障是人大脑中毛细血管壁和神经胶质细胞形成的血浆与脑细胞之间的屏障以及血浆和脑脊液之间的屏障，这些屏障能够阻止有害物质通过血液进入到脑细胞当中。研究发现，肠道菌群对血脑屏障有重要的调节作用。

3. 益生菌与高血压

高血压是全球最常见的心血管疾病之一，肠道菌群对其发生发展发挥着重要作用。通过从高血压人类供体到无菌小鼠的粪便移植，观察到血压升高可通过微生物群转移，证明肠道微生物群对宿主血压的直接影响。高血压动物的粪便中微生物的丰富度、多样性、均匀性均下降，厚壁菌门与拟杆菌门的比率增高，存在显著的菌群失调。而菌群失调则会导致肠道通透性增加、炎症产生、肠道的交感神经驱动增加，从而影响高血压的发生。已知高盐的摄入可导致高血压的发生，进一步研究发现高盐饮食会降低肠道中鼠乳杆菌的丰度，从而导致高血压。而使用鼠乳杆菌治疗能防止盐敏感性高血压的恶化。

研究发现，高血压及高血压前期患者的微生物丰富度和多样性显著降低，普雷沃氏菌属占主导地位，卟啉单胞菌属和放线菌以及某些产生乳酸盐的细菌的丰度增加，而一些有益菌如罗斯氏菌属、双歧杆菌、丁酸弧菌属、AKK菌及其他产丁酸盐的细菌的丰度降低。实验发现，每周摄入含有干酪乳杆菌的发酵乳制品三次以上的老年人，五年内高血压的发病率远远低于那些没有定期摄入乳制品的人群，说明含益生菌乳制品能显著降低高血压的发病风险。对于已经发生高血压的患者，补充益生菌制剂可以适度改善血压情况，并且多种益生菌联用的效果优于单种益生菌，每日服用适当剂量且服用时间越长（超过8周），血压改善情况越明显。在欧洲市场上已经出现了降血压益生菌奶制品，通过连续灌喂自发性高血压大鼠，5～7周后血压就发生了明显的下降，且该益生菌奶制品对正常血压人群或低血压人群无不利影响。

至少有两种益生菌的代谢产物能起到降血压作用。瑞士乳杆菌发酵乳产生的一种短肽——降血压肽，可以抑制升高血压的血管紧张素等。发酵乳中存在的γ-氨基丁酸，是一种天然氨基酸，通过抑制交感神经，起到降血压的作用。因此，含降血压肽与γ-氨基丁酸的益生菌酸奶，可以作为高血压的食疗剂。乳酸菌DM9057对原发性高血压有一定作用，且有比较强的抗胃肠道能力，免于被消化，可作为食疗剂。

4. 益生菌与动脉粥样硬化

动脉粥样硬化是动脉壁上沉积了一层像小米粥样的脂类，而使动脉管腔变窄、弹性减小的病变。研究证明，肠道菌群的改变与动脉粥样硬化的发生有密切关联。用宏基因组测序证明了动脉粥样硬化患者肠道内，罗氏菌属和真菌属数量下调，柯林斯菌属数量上调。

5. 肠道微生态与冠心病

随着微生物测序分析技术的发展，研究人员逐渐发现了大量与冠状动脉粥样硬化性心脏病有关的特征性肠道菌群谱。与健康个体相比，有症状的冠心病患者粪便中大肠埃希菌、克雷伯菌属和产气肠杆菌的丰度增加，与肠炎有关的活泼瘤胃球菌以及抑制地高辛作用的迟缓埃格特菌的丰度增加；相反，患者粪便中拟杆菌属、普氏菌属以及产丁酸盐的罗斯氏菌属、普氏粪杆菌等丰度降低。对ST段抬高心肌梗死患者的肠道和血液细菌进行宏基因组分析，发现患者的微生物具有更高的丰富度和多样性，且超过12%的患者存在细菌移位，血液细菌以肠道微生物群（乳杆菌、拟杆菌和链球菌）为主。细菌移位引发全身性慢性炎症，激活先天固有免疫从而促进动脉粥样斑块的形成。经抗生素治疗消除肠道细菌移位后，患者的全身性炎症和心肌细胞损伤均得到缓解。

除了肠道菌群组成的改变之外，菌群的代谢产物已被确定为冠心病发展的促成因素。在动物和人体中，肠道微生物酶将胆碱和左旋肉碱转化为三甲胺，三甲胺通过门脉循环进入肝脏转化为氧化三甲胺，氧化三甲胺能增加血小板的高反应性和斑块内泡沫细胞的形成。研究发现，在磷脂酰胆碱激发后，氧化三甲胺以及其他胆碱代谢物的水平呈时间依赖性增加。施用抗生素后，血浆中的氧化三甲胺水平显著下降，停用抗生素后再次升高。进一步随访其中接受冠脉造影的患者发现，氧化三甲胺血液水平增高的患者，不良心血管事件发生的风险显著增高。低密度脂蛋白（LDL）也被认作冠心病的一个危险性指标，其主要功能是运输胆固醇到肝脏以外的组织，可以使血液中胆固醇水平升高，从而促进动脉粥样硬化的发生。

　　研究发现益生菌罗伊氏乳杆菌、屎肠球菌、嗜酸乳杆菌和乳双歧杆菌的组合，以及两种合生元制剂，嗜酸乳杆菌CHO-220加菊粉和嗜酸乳杆菌加低聚果糖，均能显著降低血液中低密度脂蛋白和总胆固醇的水平，与冠心病相关的炎症因子也显著减少。与益生菌胶囊形式相比，益生菌添加在酸奶或者发酵乳中，对低密度脂蛋白和总胆固醇的改善作用更大，且降低程度与施用时间呈正相关。

四、益生菌与代谢综合征

　　代谢综合征是多种代谢成分异常聚集的病理状态，是由遗传因素与环境因素共同决定的。肥胖是其中的重要症状，代谢综合征同时包含糖尿病、营养不良症等。肠道菌群与肥胖、糖尿病以及营养不良等代谢综合征有着密切的联系。人体共生微生物在很多代谢性疾病的发生和发展过程中起着重要的作用。

（一）肠道微生态与肥胖

　　随着经济发展与人类生活水平的提高，肥胖发病率持续上升。大多数人认为肥胖由多种因素导致，如遗传、社会环境、生活习惯、饮食规律和精神因素等，主要为能量的摄入与消耗不平衡，导致机体脂肪的过量堆积。肥胖人的脂代谢紊乱会导致糖尿病、高脂血症、高血压、心血管疾病、代谢综合征、癌症等的发生，严重威胁人类健康。

1.菌群失调是肥胖的重要原因

研究发现，肠道菌群与肥胖存在着联系，肠道微生物影响着机体营养摄入、能量调节及脂肪的储存。美国科研人员在*Nature*杂志上发表的一项研究成果称，菌群失调是造成肥胖者体重增加的重要原因之一，调控消化系统内的细菌，可达到减肥的效果。*Nature*杂志肯定了这一研究，称之为"革命性的想法"。另有研究显示，肠道整体菌群的减少与体重增加密切相关。肥胖的发生可能与抗生素引起肠道益生菌数量与种类的减少相关，肥胖人群的肠道菌群多样性明显下降，双歧杆菌、普氏粪杆菌、疣微菌的丰度显著降低，而芽孢杆菌、梭杆菌、假单胞菌的丰度显著增加。肥胖人群与瘦弱的人群相比，有较少的拟杆菌和较多的厚壁菌。影响脂肪蓄积和肥胖的因素之一是肠道菌群，特定肠道菌群的改变，对改变和治疗肥胖都有着积极的作用。肠道菌群结构会影响食物中多糖的降解，进而影响宿主对食物中能量的吸收。在经历减肥手术后，肥胖患者的肠道菌群谱发生明显改变，拟杆菌门、变形菌门、疣微菌门以及乳杆菌科增加，梭菌科减少。另外肥胖患者肠道内原本较低的多形拟杆菌在减重手术三个月后明显升高，恢复至正常体重人群的水平。同时术后血清谷氨酸水平明显下降，同样接近正常体重对照组人群。有实验研究，用胖瘦不一的同卵双胞胎的粪便喂老鼠，胖人的粪便喂的老鼠长得胖，瘦人的粪便喂的老鼠长得瘦，老鼠长得胖瘦与人的粪便中影响人胖瘦的菌群种类有关。肠道菌群是肥胖"内化了的环境因子"，其通过关闭燃烧脂肪所需的基因或促进合成脂肪所需基因的表达，使机体朝着脂肪过度堆积或合成脂肪的方向发展。同时，肠道菌群还可通过调节内源性大麻素系统增加肠上皮的通透性，进而导致肥胖。

2.干预肠道菌群可调控肥胖

肠道菌群中"肥胖型微生物"的过多繁殖会增加肥胖的概率，通过调节肠道菌群的组成和功能，可以有效达到减肥减重的目的，其机制在于改变肠道菌群比例，降低血液中细菌脂多糖水平，从而改善机体代谢紊乱，对肥胖的治疗起到积极作用。目前，干预肠道菌群调控肥胖已成为肥胖治疗的新手段，益生菌在预防和治疗肥胖疾病中具有积极的作用。乳杆菌属和双歧杆菌属的益生菌或其代谢产物主要通过直接与肠道菌群相互作用，影响肠道微生物的代谢活动和生理功能，进而缓解肥胖、糖尿病等代谢综合征。直接补充益生菌制剂，影响胆汁酸在肠中对脂肪的代谢，有助于脂肪的吸收，使肥胖人群的肠道菌群组成向健康人群转变，身体质量指数（BMI，用体重千克数除以身高米数平方得出的数字）和体脂率等均显著改善；补充益生元也可以使肠道菌群的多样性增加，双歧杆菌的丰度增加，肥胖个体体重显著减轻，血脂及炎症因子水平降低；当然益生菌与益生元共用效果会更好。用粪菌移植技术治疗肥胖患者也显示出有益疗效，可以使肥胖患者的肠道菌群谱向供体转变，且内分泌功能得到改善。此外，健康的生活方式是维持健康肠道菌群的关键因素之一，并对新陈代谢紊乱相关疾病的治疗有着积极的作用。

在临床应用中，服用加氏乳杆菌SBT 2055后身体质量指数、腰围等指标相对于对照组均显著下降，表明该益生菌治疗肥胖具有一定的疗效。其他的临床试验也证实，益生菌可以通过诱导肠道微生物菌群结构的优化来减轻体重，对肥胖具有积极的治疗效果。益生菌可以通过吸附胆汁酸与降低载脂蛋白的途径调节肝脏中脂肪的含量，降低过氧化脂质，提高对脂肪的代谢，降低血液与肝脏中的脂含量。

3.减肥中医疗法使肠道菌群发生明显改变

中药黄连素可以通过肠道菌群改善机体肥胖，提高胰岛素敏感性，预防胰岛素抵抗。实验中给高脂诱导出现肥胖的大鼠喂以黄连素，结果发现喂以黄连素的大鼠体重、胰岛素抵抗、炎症都有明显改善，同时肠道菌群的结构及短链脂肪酸的水平都有所改变。中药中的温阳益气活血方也可明显改善肥胖患者症状，有效减轻胰岛素抵抗，调节血脂代谢，而且一定程度上可调整肠道菌群失调（双歧杆菌、拟杆菌、乳杆菌数量升高，肠杆菌、肠球菌、酵母菌数量降低）。菊苣也有治疗肥胖的作用，通过大鼠造模肥胖实验得出，菊苣提取物能显著降低甘油三酯水平，降低大鼠肠道内大肠杆菌及乳酸菌的数量、增加双歧杆菌的数量。给予绿茶饮食的小鼠体重、甲状腺球蛋白（TG）和血糖水平均明显低于高脂饮食的小鼠，发现绿茶可纠正高脂饮食所引起的肠道菌群厚壁菌门与拟杆菌门比值增大的情况，暗示绿茶可能通过改善肠道菌群减轻体重。除此之外，针灸、气功等疗法也对肥胖人群的肠道菌群有影响。如对针灸减肥前后个体的粪便进行培养分析发现，肥胖改善的同时肠球菌和拟杆菌的数量有差异。运用拔罐合耳穴贴压法治疗肥胖个体，观察治疗前后其粪便中肠道菌群的变化发现，拔罐合耳穴贴压疗法对单纯性肥胖症有较好的治疗作用，且对肥胖患者肠道菌群有一定的调节作用。动物实验发现，加减应用中药四君子汤后均能改善肠道菌群的失调，增加菌群代谢产物乙酸，且有增强肠道免疫的疗效。给予肥胖大鼠灌喂佩连麻黄方后发现，大鼠的血脂、炎症指标显著下降，肠道菌群的结构也发生了改变，肠道内的益生菌增多。由此推测佩连麻黄方可能通过调节肠道菌群分布，减少机体慢性低水平炎症的发生，改善机体代谢紊乱以达到减肥的目的。

4. 修改益生菌的基因，提供减肥方法

美国范德堡大学研究人员修改了一种益生菌的基因，使之能产生一种特殊分子，这种分子正常代谢后会变成一种抑制饥饿的脂质。在治疗实验中，与对照组相比，摄入转基因细菌的小鼠吃得更少，体内脂肪更少，即使在吃高脂肪食物的情况下，也能延缓或避免糖尿病的发生。这为人类提供了一种很有希望的新型减肥方法。

（二）益生菌辅助降血糖，减少并发症

随着人们生活水平的提高和饮食结构的变化，糖尿病发病率及死亡率迅速上升，已成为一个严重的全球性健康问题，被公认为世界第三大

致死性疾病。根据世界卫生组织的数据显示，2015年全世界成人糖尿病患者数达4.15亿，预计到2040年，人数将达6.42亿。中国已成为世界上糖尿病患者最多的国家，有超过1亿的糖尿病患者。更令人担忧的是，糖尿病患者逐渐变得年轻化。糖尿病分为Ⅰ型糖尿病、Ⅱ型糖尿病、妊娠糖尿病和其他类型的糖尿病四种类型。Ⅱ型糖尿病是最常见的类型，占糖尿病患者的90%以上。Ⅱ型糖尿病是一种以糖代谢紊乱为主要特征的慢性代谢性疾病，与胰岛素分泌不足和作用障碍相关，而肥胖和胰岛素抵抗是Ⅱ型糖尿病发展的危险因素。Ⅱ型糖尿病的发病机制复杂，影响因素众多，涉及复杂的遗传和环境因素。其中，环境因素主要包括膳食结构及成分、吸烟、肥胖、久坐的生活方式等，此外还与长期暴露于污染的空气有关，目前尚无有效的预防措施。糖尿病肾病是糖尿病最常见的并发症，也是糖尿病致残、致死的重要原因。2016年的统计数据显示，全球约有4.25亿糖尿病患者，其中约35%的糖尿病患者会发展为糖尿病肾病。

1. 糖尿病患者肠道菌群紊乱

除了遗传的因素，肠道菌群与糖尿病之间存在密切的关系。当肠道缺乏益生菌时，肠道内的有害菌就会大量繁殖，产生大量的有害物质，导致低度炎症、胰岛素抵抗，甚至肥胖。为了帮助排毒，肝脏的负荷会大大加重，肝脏的负荷加重会影响胰腺，因而，胰岛素的分泌减少。此外，益生菌的缺少，食物中的糖分被益生菌利用的数量也减少，导致进入血液中的血糖增多。肠道微生物群影响宿主的能量平衡、葡萄糖和脂质代谢以及免疫应答。双歧杆菌在健康人中的丰度更高，糖尿病患者体内，几种产丁酸盐的细菌，如直肠真杆菌、普氏粪杆菌、罗氏弧菌等大量减少，这几类细菌具有改善胰岛素敏感性、减轻炎症反应、增强肠道黏膜保护屏障等作用；糖尿病患者体内脱硫弧菌、加氏乳杆菌、罗伊氏乳杆菌和植物乳杆菌等明显增加，并且空腹血糖、糖化血红蛋白（HbA1c）和胰岛素水平与乳杆菌属的丰度呈正相关，与梭菌属的丰度呈负相关。与无肾病的糖尿病患者相比，糖尿病肾病患者肠道的乳酸杆菌减少。Ⅰ型糖尿病患者肠道中拟杆菌门的数量明显上升，放线菌门与厚壁菌门的比值显著降低，拟杆菌与厚壁菌的比值及乳酸菌、双歧杆菌数量与血浆葡萄糖水平呈显著负相关，梭状芽孢杆菌数量与血浆葡萄糖水平呈正相关。与正常人群相比，Ⅱ型糖尿病人具有不同的肠道微生物群组成。Ⅱ型糖尿病患者肠道内的肠杆菌、酵母菌增多，双歧杆菌、乳酸杆菌、拟杆菌减少，乳杆菌的水平显著高于正常人。胰岛素抵抗与肠道总菌数、肠球菌属、双歧杆菌属呈正相关，与拟杆菌属、变形杆菌、乳酸杆菌呈弱相关。Ⅱ型糖尿病以持续性炎症反应为特征，不断积累的慢性炎症还可能导致胰岛β细胞凋亡，最终引发糖尿病。糖尿病患者大多数伴有慢性炎症和免疫力下降，大多数免疫细胞出现失调。肠道中菌群的变化，可以成为免疫系统的诱发剂和调节剂，预防病原体和抗病原体引起的免疫损伤，同时也直接影响局部组织修复机制即自我平衡的功能。因此，肠道菌群可以通过影响免疫和炎症进而影响糖尿病的病程发展。

2. 糖尿病肾病和肠道菌群失调可能互为因果

糖尿病肾病患者的肾小球滤过率下降会导致结肠聚集大量的尿酸和草酸盐，导致肠道微环境的改变，进一步加重肠道菌群紊乱；血液中大量的代谢废物不能充分经肾脏排泄而堆积，并可通过肠壁进入肠腔，引起肠道微生物群不平衡，导致益生菌减少。另一方面，肠道益生菌减少，肠道微生物产生的有毒的代谢产物（如硫酸吲哚酚、对甲酚硫酸盐、苯乙酰谷氨酰胺等）增加，加速了肾功能恶化。由于糖尿病肾病患者肠道菌群的组成和功能发生改变，破坏了肠上皮屏障，胃肠道内大量蓄积的尿素水解产生的氨经过肠黏膜重吸收，在肝脏又重新合成尿素，加重肾脏损害。氨还可以转化为氢氧化铵，导致肠内的pH升高，加剧肠黏膜损伤以及上皮屏障结构和功能障碍，使甲酚、吲哚啉基分子等毒素转移到血液，从而进一步加重全身炎症，引发心血管疾病等。此外，糖尿病患者肠道革兰氏阴性菌增多，脂多糖是革兰氏阴性菌的表面抗原物质，具有强烈的致炎作用和免疫激活能力。糖尿病患者肠道菌群失调，益生菌减少，脂多糖增加，加之肠黏膜屏障功能受损，除增加内毒素血症的发生风险外，失调的肠道菌群产生的三甲胺-N-氧化物（TMAO）增多可能引发促动脉粥样硬化等疾病。糖尿病肾病和肠道菌群失调可能互为因果，这种关系使机体处于恶性循环中。

3. 胰岛素抵抗与肠道菌群的组成和代谢物有关

Ⅱ型糖尿病又称为非胰岛素依赖糖尿病，由肥胖引起的胰岛素抵抗就很大程度上可以引起Ⅱ型糖尿病。糖尿病的发展和胰岛素抵抗与肠道菌群的组成和代谢物有关。革兰氏阴性菌细胞壁的主要成分脂多糖是代谢性疾病的触发因素，也是引起胰岛素抵抗和代谢性内毒素血症的重要因素之一。血液中脂多糖结合蛋白后，引起巨噬细胞聚集，促进炎性细胞因子释放，引起胰岛素受体底物异常磷酸化，导致胰岛素抵抗的发生。产丁酸盐细菌的减少导致丁酸盐的相对低水平会促进低度炎症，这使得细菌内毒素更易渗透肠道上皮屏障，引起"肠漏"，使细菌从肠腔进入循环系统，导致先天免疫系统活化，引起胰岛素抵抗。肠道低度慢性炎症是由细菌碎片通过功能失调的肠屏障进入循环引起的，与机体胰岛素抵抗的发生、发展相关。而乙酸盐相对丁酸盐的相对高水平也会引起胰岛素抵抗，并且增加肠道中胃饥饿素的分泌。肠道微生态失调后，产生的代谢产物能够促进内毒素血症的发生，这一病症引起糖代谢紊乱和胰岛素抵抗，进而导致机体患Ⅱ型糖尿病。

4. 益生菌辅助降血糖

益生菌可以通过调节肠道菌群，减少宿主对肠道中糖的吸收，来降低血糖水平。益生菌能调节能量代谢（尤其是脂肪代谢）、降低脂肪和胆固醇的堆积、提高葡萄糖耐量和胰岛素敏感性、调节胃肠道稳态及营养物质的代谢和能量平衡，在以肠道微生物为靶点缓解或治疗糖尿病方面有其独特的优势。通过补充益生菌可以提高肠道屏障作用，抑制肠道致病菌的黏附，在体内形成有益的微生物环境，减少内毒素进入血液，防止炎症发生，预防Ⅱ型糖尿病。一些益生菌可以促进Ⅱ型糖尿病患者的抗氧化，改善胰岛细胞功能和胰岛素代谢。目前许多益生菌，特别是乳杆菌已在实验或临床阶段应用于糖尿病的防治。研究显示，每天摄入适量的鼠李糖乳杆菌GG、乳酸杆菌Bb-12和加氏乳杆菌BNR17，可有效改善机体葡萄糖耐量，降低血糖水平。植物乳杆菌NCU116也具有一定的降血糖效果，同时能提高短链脂肪酸水平。对罗伊氏乳杆菌GMNL-263和植物乳杆菌TN627的动物实验研究表明，连续4周每天摄入109 CFU益生菌能显著降低血糖水平，降低胰岛素抵抗和减少脂肪肝形成。

美国研究者利用基因工程手段改造肠道益生菌，使其产生糖依赖性促胰岛素释放肽-1（GIP-1）蛋白以刺激胰岛素分泌，GIP-1的分泌量，在一定程度上能适应患者病情，但一些细节问题尚待解决。日本学者发现乳酸菌LC1通过调整肠神经功能，来抑制血糖值升高，为糖尿病患者的治疗提供了新的策略。

研究肠道菌群与胰岛素抵抗、胰高血糖素样肽（GLP-1）、短链脂肪酸、胆汁酸等的关系为肠道菌群作为防治老年Ⅱ型糖尿病的新靶点提供可能。根据糖尿病患者益生菌减少的特性，采用益生菌配方（乳酸杆菌、双歧杆菌、链球菌、酵母菌），通过改善胰岛素抵抗以及稳定空腹血糖水平，延缓糖尿病的发生、发展。研究人员试验发现，由七种活菌株（乳杆菌属、双歧杆菌属及链球菌属的菌株）组成的益生菌补充剂可显著降低患者的空腹血糖，并使高密度脂蛋白胆固醇上升。无论是动物试验中的动物模型或者临床试验中糖尿病患者，摄入益生菌或者益生菌发酵的食品如酸奶、发酵果蔬汁等之后都出现不同程度的血糖下降。使用植物乳杆菌NCU116和该菌株发酵的胡萝卜汁干预Ⅱ型糖尿病大鼠，结果表明，饲喂植物乳杆菌NCU116和发酵胡萝卜汁可有效调节糖尿病大鼠的血糖、激素和脂质代谢，同时提高结肠中的短链脂肪酸水平，并且恢复了胰腺和肾脏的抗氧化能力和形态，上调了糖脂代谢相关基因的表达。这些结果表明植物乳杆菌NCU116具有改善大鼠Ⅱ型糖尿病的潜力。此外，一些其他益生菌也表现出了这一潜力。增加双歧杆菌的数量可降低肠道的通透性，并防止细菌移位，维持更健康的微生物环境。有研究发现，膳食纤维通过选择性调节肠道中促短链脂肪酸分泌菌群，改变短链脂肪酸含量，进而改善 Ⅱ 型糖尿病。短链脂肪酸包括乙酸、丙酸、丁酸及戊酸，是由厌氧菌发酵结肠内不可消化的膳食多糖后产生。短链脂肪酸在糖尿病的预防和治疗中具有很好的作用，其可作为信号转导分子激活G蛋白偶联受体（GPCRs），可促进酪酪肽（PYY，具有激素样作用）的释放，增加肠的传输速率和饱满感，酪酪肽还可改善胰岛细胞的生存和功能，对糖尿病有明显的益处。另外，益生元也可降低糖尿病患者和高血压患者的体脂量、降低糖化血红蛋白水平，丰富拟杆菌、脆弱拟杆菌以及梭状芽孢杆菌的种类，提高短链脂肪酸的水平，减轻肾脏炎症和纤维化，这对于糖尿病及糖尿病肾病的治疗具有重要意义。肠道菌群与糖尿病及糖尿病肾病具有相关性，未来有望建立以肠道菌群为靶点治疗糖尿病及糖尿病肾病的新策略。

研究表明，粪便移植对改善受体的微生物组成及胰岛素敏感性有益。粪便移植后 Ⅱ 型糖尿病大鼠肠道双歧杆菌的数量增加，并显著改善了葡萄糖和脂质代谢紊乱。摄入益生菌菌株屎肠球菌可以增加产丁酸盐的细菌（普拉梭菌）的数量，促进黏膜免疫球蛋白的产生和减少促炎因子的表达，从而发挥其抗炎作用。用包含多种益生菌如嗜酸乳杆菌、干酪乳杆菌等的饮食喂养大鼠，能显著改善高果糖诱导的 Ⅰ 型糖尿病大鼠的高血糖、高胰岛素血症、血脂异常以及氧化应激反应，从而降低糖尿病及其并发症的风险。

由于糖尿病发病机制复杂，加上患者个体差异，益生菌的种类、治疗剂量，甚至其自身的生长状态的不同，益生菌对肠道菌群及宿主代谢的影响也有所差异。在临床试验中，使用益生菌治疗 Ⅱ 型糖尿病个体存在不一致的结果，这也可能是由于人类存在太多的不可控因素如饮食习惯、药物使用、BMI等因素。因此，未来的研究应综合考虑这些因素，更好地了解益生菌对Ⅱ型糖尿病个体代谢的影响以及涉及这种复杂关系的主要机制。益生菌的很多功效因菌株不同而有所差异，所以需要选择适合Ⅱ型糖尿病患者的益生菌菌株，还可以考虑复合益生菌或者合生元产品的开发，使不同的菌种间或者菌株与益生元之间相互协同，进而发挥出更佳的糖尿病防治效果。

高血糖、高血脂、高血压的"三高"疾病，适用的常用益生菌菌株有双歧杆菌、戊糖乳杆菌、罗伊氏乳杆菌、嗜酸乳杆菌、屎肠球菌和乳双歧杆菌等；益生菌生成的降血压肽、γ-氨基丁酸等具有优良的降压效果，有效改善糖尿病患者体内血糖和胰岛素水平，吸附胆固醇并随菌体沉淀。

五、肠道微生态与艾滋病

艾滋病是由人类免疫缺陷病毒（HIV）感染所导致的一种病死率极高的慢性传染病。被HIV感染的特点有：人体肠道免疫屏障功能失调，免疫刺激性微生物产物的转移和慢性全身性炎症，这三个特点的发展被认为是移动HIV进化的根源。在HIV感染者中，肠道菌群通过犬尿氨酸途径分解色氨酸的能力加强，与HIV感染者的犬尿氨酸水平密切相关，黏膜黏附细菌与HIV的发病也有联系，由此可以推断肠道微生物可能会影响HIV感染者。在HIV-1感染的早期微生物的紊乱是有据可查的，强大的病原体优势使乳酸菌的水平下降并由于其水平的下降增加了黏膜炎症。现有的和新兴的研究观点支持益生菌可以在HIV-1感染时期提供明确的益处。HIV阳性患者胃肠道内的损坏已经在HIV感染的早期阶段显现，使肠道中共生菌群发生改变，并且与肠道细菌的炎症参数水平的提高相联系。这证明了胃肠黏膜的损坏、肠道菌群的改变和免疫激活状态之间有一定的关系，更进一步的研究证明胃肠道水平的改变在慢性HIV感染的发病机制中是一个关键的因素。实时荧光定量PCR及许多先进的技术，可以观测到艾滋病患者体内的肠道菌群相关指标的异常。利用相关肠道菌群指标的测定，可对以后检测HIV及研发HIV疫苗提供一定的线索及希望。

六、肠道微生态与慢性肾脏病

调查结果表明，全球范围内慢性肾脏病（CKD）的发病率为8%～16%，我国成人慢性肾脏病总患病率为10.8%。慢性肾脏病如未能得到及时有效的治疗，将会持续发展，最终进入到终末期肾脏病（ESRD），则需长期肾脏替代治疗。

1. 慢性肾脏病患者存在明显肠道菌群紊乱

慢性肾脏病患者肠道菌群的丰度和组成与健康人不同，肠道菌群被认为参与了慢性肾脏病的发生发展过程。终末期肾衰竭患者肠道菌群会从普氏菌属为主转换为拟杆菌属为主，这种转变与产丁酸菌的减少有关。终末期肾衰竭患者肠道菌群中存在19种优势菌，其中合成硫酸吲哚酚的菌种有3种，硫酸对甲酚的2种，而乳酸杆菌科等益生菌显著减少。研究肾切除大鼠的肠道菌群，发现菌群种类和数量明显减少，说明肾损伤可以直接影响肠道菌群的结构。胃肠道内的致病菌（包括条件致病菌）的数量增多到一定程度时，将会诱发或者加重尿毒症毒素和相关细菌毒素的积累，加速慢性肾脏病进程及并发症的发生。慢性肾脏病患者肠道功能屏障受到破坏，一些肠源性代谢毒素和细菌移位进入体循环，从而加重慢性肾脏病患者的全身炎症反应，促进其心脑血管并发症的发生。

2. 肠道菌群失调与慢性肾脏病的关联

肠道菌群失调与慢性肾脏病的关联主要体现在以下三个方面：

（1）导致肠源性尿毒症毒素增加。慢性肾脏病患者肠道菌群失调导致肠源性尿毒症毒素，如硫酸吲哚酚、硫酸对甲酚和氧化三甲胺等生成增加。肠道菌群失调可以破坏肠道上皮的紧密连接，增加肠道通透性，导致细菌和毒素的移位；而肠源性尿毒症毒素的聚集又会进一步加重肠道菌群紊乱，促进致病菌生长，形成恶性循环。氧化三甲胺是肠道菌群分解食物中胆碱和左旋肉碱的代谢副产物，它被认为是心血管疾病的独立危险因素，可直接导致动脉粥样硬化、缺血性心脏病等。大量研究表明，慢性肾脏病患者血清中氧化三甲胺含量升高可以明显增加患者心血管事件风险和全因死亡率。动物和临床试验已证明，慢性肾脏病中血清氧化三甲胺升高与肠道菌群失调直接相关。

（2）引起炎症反应。肠道菌群失调可促进肠道免疫炎症，进而参与慢性肾脏病的全身免疫炎症调节，炎症反应贯穿了慢性肾脏病发生发展的全过程。动物及临床试验均表明，慢性肾脏病患者肠道菌群紊乱，且伴随有全身系统性炎症反应，这主要与肠道菌群紊乱导致肠黏膜屏障功能失调引发的细菌移位和毒素入血密切相关。益生菌可以改善患者慢性炎症状态，通过调控某些信号通路，抑制促炎因子的分泌，减轻机体炎症反应。此外，益生菌的抑菌作用可以减少慢性肾脏病患者的感染，减少肠炎以及腹泻的发生。

（3）引发代谢紊乱。肠道菌群紊乱会进一步引发一系列代谢紊乱，包括尿毒症毒素的产生、炎症反应、氧化应激和免疫抑制等，最终也将促进慢性肾脏病的进展和心脑血管疾病等并发症的发生。肠道菌群宏基因组测序发现慢性肾脏病患者肠道菌群中厚壁菌门增加，而拟杆菌门减少，这与肥胖患者的变化极为相似，因此认为肠道菌群可能影响胰岛素抵抗和营养代谢紊乱进而诱发慢性肾脏病。按照慢性肾脏病进展和干预的肠-肾轴理论，肠道与肾脏之间可以通过代谢依赖性和免疫两种路径构成肠-肾轴而相互影响。肠-肾轴介导的延缓慢性肾脏病进展的理论成为近年国内外肾病领域研究的热点之一。因此，开发一种新型的、副作用少、无害、价格便宜的治疗药物在减少尿毒素堆积，延缓慢性肾脏病的进展等方面具有重要的临床意义，而益生菌正是这种潜在药物之一。

3. 益生菌在慢性肾脏病中的作用

益生菌可以减少尿毒症毒素在机体的堆积，改善慢性炎症和机体代谢。

（1）减少尿毒症毒素在机体的堆积。益生菌可以减少尿毒症毒素的堆积，减少血清肌酐和尿素氮水平，在一定程度上改善了肾功能。患者用益生菌治疗期间，血清尿素水平会显著下降，减缓患者的肾小球滤过率下降速率。在血液透析患者的临床试验中发现，血液透析只能轻微改善患者酚类的排泄，而血透加口服干酪乳杆菌5周的患者，其酚类和吲哚类尿毒症毒素的产生明显减少。此外干酪乳杆菌还能改善食源性胰岛素抵抗。在另一组试验中，口服嗜酸乳杆菌的慢性肾脏病患者，其产生二甲胺和亚硝基二甲胺的水平也下降。有研究表明，益生菌联合益生元使用，可调节慢性肾脏病患者肠道菌群，减少尿毒症毒素的产生，从而阻碍慢性肾脏病的进展及心脑血管疾病的发生。值得关注的是，只有肠溶性的益生菌制剂能减少尿毒症毒素的产生。由于在慢性肾脏病患者肠道中，乳杆菌科含量明显减少，乳杆菌科益生菌常被用于慢性肾脏病的临床干预试验中。

（2）改善慢性炎症。益生菌可以改善患者慢性炎症状态，通过调控某些信号通路，抑制促炎因子的分泌，减轻机体炎症反应。临床试验证实，益生菌可以有效地降低慢性肾脏病腹透患者血清肿瘤坏死因子-α（TNF-α）和细胞因子白细胞介素-6（IL-6）的水平，降低维持性血透患者C-反应蛋白水平，抑制炎症反应。研究表明，肠道益生菌群存在时，能够抑制对肠道中食物和菌群抗原的炎症性应答。益生菌通过增加短链脂肪酸水平发挥抗炎作用是其产生保护效应的机制之一。

（3）减轻肝脏脂肪变性，改善机体代谢。大量研究表明，益生菌可以增加胆盐水解酶的活性，调节肝脏胆固醇的合成，减轻肝脏脂肪变性。鼠李糖乳杆菌通过下调脂质代谢转录基因的表达抑制胆固醇和甘油三酯的合成，同时提高脂肪酸水平。乳酸菌等益生菌是产生短链脂肪酸的主力军。短链脂肪酸不仅局限于肠道，维持肠道上皮的正常功能，它还可以通过扩散作用进入血液，通过提高短链脂肪酸水平发挥抗炎作用来产生保护肾脏的效应。

综上所述，肠道菌群已经成为慢性肾脏病的治疗新靶点，益生菌干预也打开了慢性肾脏病治疗的新视角。益生菌治疗可能通过调节肠稳态，减少肠源性尿毒症毒素来延缓慢性肾脏病的发展。由于益生菌对生理功能的调节具有菌株特异性，根据它们的功能特性选择适当的益生菌菌株至关重要。但是益生菌在慢性肾脏病中的推广应用仍存在一定待解决的问题。尿毒症患者由于大量毒素堆积，肠道微环境改变，口服益生菌后肠道益生菌的生存率以及抗菌效应均有改变，因此还需要更多的实验来确认益生菌在尿毒症患者中的变化和效应，评估益生菌的长效性及安全性。

七、肠道微生态与骨质疏松症

骨质疏松症是一种以骨丢失和结构破坏为特征的代谢性骨病，易导致骨折和残疾，其受多种遗传因素和环境因素（如饮食、卫生、抗生素的使用等）的影响。随着人口老龄化日趋严重，骨质疏松症的发病率已跃居世界常见病的第七位，成为全球性公共卫生问题。在骨质疏松症的发病人群中，以绝经后的妇女居多。绝经后的妇女由于雌激素缺乏，增加了其患骨质疏松症的风险。绝经后骨质疏松症（PMO）不仅发病率高，而且并发症严重，是预防和治疗的重点。研究表明，肠道菌群与机体的骨骼健康密切相关。肠道菌群被认为是一种虚拟的"内分泌器官"，因为它影响着宿主激素水平，并且一些细菌可以产生和分泌血清素、多巴胺、性激素等，其可能通过影响激素水平来调节骨骼重塑。肠道菌群尤其是肠道益生菌被认为是一种具有潜力的治疗绝经后骨质疏松症的策略。

1. 肠道菌群多样性受到雌激素和益生菌的调节

在健康状态和足够的雌激素水平下，肠道菌群中有益细菌占优势并阻碍致病菌的生长，从而保持肠道菌群组成的稳定性。在绝经的妇女中，缺乏雌激素会改变肠道菌群的组成和结构，导致微生物多样性下降。在对男性和绝经的女性的临床调查中，显示其粪便中的生物多样性与尿液中雌激素的水平之间存在显著相关性。

肠道上皮细胞是维持宿主先天性和适应性肠道黏膜免疫系统的重要"哨兵"，肠道上皮细胞通过适应机制来限制细菌的生长，减少与细菌的直接接触以及防止细菌进入黏膜下层组织来预防自身产生过度的炎症反应。肠上皮细胞组成的肠道上皮屏障是宿主防御病原菌入侵或致炎性物质刺激的第一道防线，其通过产生大量细胞因子和趋化因子使分散在其周围的免疫细胞发挥免疫作用。破坏这层细胞屏障会导致机体对微生物菌群的免疫耐受能力下降。肠道上皮屏障功能受雌激素和益生菌的调节。雌激素缺乏削弱了上述雌激素相关通路的作用，导致肠上皮通透性增加，促进肠道病原体的侵入并激发免疫反应，最终导致绝经后骨质疏松症中破骨细胞性骨吸收和持续性骨质流失增加。肠道上皮屏障和益生菌在由雌激素缺乏引起的骨质流失中起着重要的作用。

2. 肠道菌群的免疫应答受雌激素和益生菌的调节

肠道免疫系统是体内最大的免疫系统之一，构成它独特的定位不仅是饮食成分，还有肠道菌群和病原体。免疫系统是肠道病原体入侵的最终屏障，也是骨质疏松症治疗的关键目标。骨骼的重建是通过具有骨形成功能的成骨细胞与具有骨吸收功能的破骨细胞完成的。当减少破骨细胞生成用于治疗骨质疏松症时，益生菌通过调节肠道微生物的免疫应答来抑制骨吸收。益生菌一般以分泌小分子的方式调节宿主免疫应答，比如短链脂肪酸、组胺等，从而防止破骨细胞生成增加。

3. 肠道菌群产生雌激素样代谢物

雌激素的作用不仅限于直接抑制破骨细胞活性和寿命，促进成骨细胞的分化，或减少成熟成骨细胞凋亡以促进成骨作用，还能抑制骨髓前体细胞的成骨细胞和破骨细胞的形成，从而防止骨重建和调节骨转换。肠道微生物群可能充当另一种"内分泌器官"，并且利用外源性营养素产生对骨代谢具有调节作用的雌激素样代谢物而发挥雌激素的作用。有研究表明，主要存在于大豆等天然食物中的植物雌激素是具有类似于人体内在雌激素结构和生物活性的外源性营养素。由植物雌激素产生的各种代谢产物，如雌马酚、尿石素和木酚素等，它们的生物利用度均高于雌激素。雌马酚主要与雌激素受体结合，从而抑制骨吸收，促进骨形成，改善骨质疏松症患者的骨生物力学和微观结构特性。然而，膳食中的植物雌激素产生雌马酚主要取决于肠道微生物组成以及植物雌激素代谢和饮食成分之间潜在的相关性。从健康人粪便中分离出来的一种杆状革兰氏阳性厌氧菌，与雌马酚的产生密切相关。总的来说，补充植物雌激素对绝经后骨质疏松症的有益作用主要取决于个体代谢，包括合适的肠道菌群和膳食组成。

4. 肠道菌群可以治疗骨质疏松症

骨质疏松症中的骨吸收是雌激素水平、肠道菌群和宿主免疫系统之间相互作用的结果。当雌激素水平不足时，肠道菌群中微生物多样性减少，肠道上皮屏障功能减弱，宿主免疫反应异常。益生菌的加入能够改变上述情况，纠正骨质疏松症，促进雌激素样代谢产物的潜在生成，从而防止骨吸收。维生素K_2是必不可少的骨代谢调节剂，能刺激成骨细胞，促进骨形成。研究表明，含有维生素K_2的益生菌粉与维生素D和钙复配之后，能够有效地被大鼠吸收利用，具有提高骨矿含量、增强骨密度的作用，达到防治骨质疏松的目的。因此，肠道菌群是骨质疏松症发病机制中的关键因素，也将成为治疗骨质疏松症的新靶点。然而，目前关于益生菌治疗骨质疏松症的研究只限于动物，要应用于临床，还需要面临更多的挑战。

5. 益生菌干预骨质疏松的方式

益生菌作为一种副作用小甚至可能没有副作用的治疗方法，其干预骨质疏松的具体机制的研究及临床试验已引起重视。益生菌干预骨质疏松是通过复杂的方式实现的，并且存在菌种、菌属和受体性别等的差异。根据目前的研究来看：

（1）通过免疫系统（如炎症因子、免疫细胞等）、基因、配体及信号通路等影响成骨和破骨细胞的生成和分化，实现骨质疏松的干预；

（2）直接影响成骨和破骨细胞的生成和分化干预骨质疏松；

（3）增加钙离子的吸收干预骨质疏松等。

八、肠道微生态与过敏性疾病

过敏性疾病又称变态反应性疾病，是指机体再次接触同一抗原后引起不同形式的功能障碍或组织损伤的一类疾病。过敏性疾病的主要类型有过敏性哮喘、过敏性鼻炎、过敏性紫癜以及过敏性休克。近年来，过敏性疾病的发病率日益增高，已成为影响人类健康的主要疾病之一。随着过敏人群数量的快速增加，食物过敏日益受到人们的关注。大量的研究表明，抗生素的使用、膳食结构的改变等因素所引起的肠道菌群紊乱将会增加食物过敏的概率。

1. 过敏与肠道菌群结构变化有关

过敏性疾病是儿科常见疾病，对婴幼儿过敏性疾病的研究中发现，该病与肠道菌群的失调有直接联系，尤其是在非顺产婴儿中的发病概率更大。顺产婴儿肠道菌群的初期建立过程更为迅速，而且双歧杆菌和乳杆菌的数量显著高于在剖宫产婴儿肠道中的数量。益生菌在许多关于婴幼儿肠道菌群的研究中均表现出较好的性能，不仅能够帮助婴幼儿肠道菌群形成优势结构，而且能够帮助新生儿免疫系统的建立与完善，对于食物过敏症状有良好的预防与治疗效果。

约8%的儿童、4%的成人对一种或多种食物有过敏症状。过敏发生与肠道菌群结构变化有关，表现在过敏患者肠道中需氧菌特别是大肠杆菌、金黄色葡萄球菌数量多，而乳杆菌、双歧杆菌数量少。环境条件和生活方式的改变导致肠道菌群生态环境改变，增加了儿童对过敏性疾病的易感性。因此，应用益生菌和饮食干预的临床研究应是将来研究的重点。

食物过敏是对无害食物蛋白质（即过敏原）产生的不良反应，分为由免疫球蛋白"IgE介导""非IgE介导"以及"IgE和非IgE混合介导"三类，其反应时间短，多在数分钟到两小时内引发各类症状。一般人摄入此类食物蛋白质通常因口服耐受产生免疫球蛋白IgG、IgM、IgA，从而清除抗原，机体不产生症状，但一些特殊人群摄入特定种类的过敏原时会产生免疫球蛋白IgE，从而快速引发机体多个部位不同的症状反应，如皮肤的瘙痒、红肿、荨麻疹，呼吸道的哮喘、咳嗽，胃肠道的恶心、呕吐、腹泻等；反应严重时甚至导致休克和死亡。食物过敏的产生与机体对食物抗原的口服耐受失调或缺失有关，而口服耐受的形成及维持与机体肠道内的共生微生物有密切关系。特定益生菌菌株因其能够修饰抗原、修复肠屏障功能、调节紊乱菌群结构以及修复局部或全身免疫调节，从而增强机体的免疫耐受，具有缓解食物过敏的潜力。抗生素治疗引起的肠道菌群紊乱是过敏性疾病和哮喘的一个危险因素，这被认为与环境变化和抗生素药物使用等因素有关。

2. 益生菌成为预防及治疗食物过敏的研究热点

利用益生菌治疗食物过敏的案例有很多，所使用的益生菌种类主要为乳杆菌属和双歧杆菌属，益生菌对食物过敏的调节作用由菌株种类决定，具有特异性。大量研究表明，肠道菌群在机体免疫系统的形成和功能调节中扮演着不可或缺的角色。肠道微生物与肠上皮细胞、巨噬细胞、树突状细胞、先天免疫细胞等相互作用，能直接或者通过产生白介素-22（IL-22）间接增强肠上皮细胞屏障，控制食物抗原的摄取，并且通过诱导抑制辅助性T细胞（Th）2型免疫反应（Th2主要分泌IL-4，IL-5，IL-10，以介导体液免疫反应为主），产生IL-10、转化生长因子

TGF-b，促进免疫球蛋白IgA、抗原特异性的IgG$_4$的分泌，从而增强免疫耐受，防止食物过敏的发生。益生菌能够调节肠道菌群结构且副作用甚小，成为近些年预防及治疗食物过敏的研究热点，但目前对于肠道菌群调节食物过敏以及益生菌缓解食物过敏等的研究都处于初步阶段，仍需科研工作者进行深入的研究和探索。

3. 益生菌具有预防及抗过敏作用

科学家已证明，过敏性疾病难以治好的根本原因在于胃肠道内消化酶和益生菌活性较差。因此，补充肠道内相应的益生菌，激活人体胃肠道内消化酶和益生菌的活性，是铲除过敏性疾病的最佳办法之一。格氏乳杆菌可从健康新生儿的消化道中分离纯化，属人体原生菌种，是一种少有的可以改善过敏体质、预防过敏反复发作的益生菌菌株。一些免疫介导性疾病如过敏，可在婴儿时期通过益生菌补充剂调节肠道微生物进行预防。

益生菌可有效地治疗小儿过敏性湿疹、鼻炎，使鼻炎发病率降低。应当指出，针对不同用药目的、不同疾病，选用不同益生菌菌株非常必要。乳杆菌对过敏性鼻炎治疗有效，而对哮喘治疗无效。容易过敏的小孩肠道里的益生菌如乳杆菌属比较少，虽然有数以万计的乳酸菌菌株存在于自然界，但仅有极少数乳酸菌菌株具有抗过敏的特质。对免疫耐受IgE分泌过多具有特殊调节功效的菌株是唾液乳杆菌、格氏乳杆菌、约氏乳杆菌、副干酪乳杆菌和罗伊氏乳杆菌组合成的益生菌。唾液乳杆菌功效为降低血清IgE抗体，促进干扰素分泌以提高Th1型免疫反应应答；格氏乳杆菌的功效则为降低血清IgG，有助于减少过敏反应相关细胞激素IL-5的分泌，有效地提升人体免疫系统，抗敏元加强型具有辅助调整过敏体质的能力。产前及产后，持续使用益生菌，有助于降低幼童特异性反应及食物过敏症的发生风险。但是若仅在产前或仅在产后使用益生菌，未观察到益生菌对幼童过敏和食物过敏的作用。

4.肠道微生物与过敏性哮喘的关系

过敏性哮喘是由多种免疫细胞特别是T淋巴细胞参与的慢性气道炎症，临床症状表现为咳嗽、胸闷等，是较为常见的疾病。研究表明，由抗生素引起的肠道菌群改变，在新生的小鼠中会增加过敏性哮喘的易感性，这项研究很好地将抗生素的使用和肠道菌群的改变与过敏性哮喘的发展联系起来。通过万古霉素的治疗，肠道微生物多样性减少，尤其是拟杆菌几乎全部消失，其中几种拟杆菌菌株都与T细胞的分化有关系，这很好地解释了过敏性哮喘实验损坏状态的改变。过敏性和非过敏性婴儿的肠道菌群的组成不同，过敏性婴儿与非过敏性婴儿相比乳酸杆菌、双歧杆菌和拟杆菌较少，但是C型梭菌较多，且C型梭菌的定植增加，会导致哮喘发生的概率增加。

5.肠道微生物与过敏性皮肤病的关系

过敏性疾病的发生发展与早期肠道菌群的紊乱密切相关，是肠道免疫性刺激的重要因素。益生菌可有效降低婴儿湿疹的发生风险，如鼠李糖乳杆菌能通过调节肠道免疫功能改善湿疹，治疗胃肠道炎症性疾病、IgE相关性皮炎和牛奶蛋白过敏。益生菌辅助糖皮质激素制剂对湿疹治疗的疗效确切，可更好地降低机体炎症水平，改善病情，无明显不良反应，安全有效。对患过敏性皮炎的患者进行研究，实验期结束后，服用益生菌的患者病情明显缓解，测定其血液中细菌脂多糖含量低于对照组，而免疫细胞数量高于对照组，细菌脂多糖的含量降低证明益生菌降低了黏膜对细菌的通透性。

6.过敏性疾病适用的益生菌

常用菌株有鼠李糖乳杆菌、干酪乳杆菌、肠膜明串珠菌、发酵乳杆菌、德氏乳杆菌保加利亚亚种等，可促进肠黏膜免疫系统的发育、增强屏障功能、促进免疫耐受的建立及增强肠道黏膜免疫功能等作用。目前使用最多的抗过敏益生菌菌株有：唾液乳杆菌、鼠李糖乳杆菌、植物乳杆菌以及罗伊氏乳杆菌这四种活性乳酸菌。

九、肠道微生态与自身免疫性疾病

类风湿性关节炎是一种与细菌感染有关、致病率较高的自身免疫性疾病。研究证实，肠道和口腔菌群是类风湿性关节炎发病和疾病控制的重要因素。关于类风湿性关节炎与肠道菌群的研究始于毒血症因子假说，其理论依据在于病原菌大量增殖，所产生的毒性代谢产物进入血循环而诱发炎症。临床上针对该理论，采用柳氮磺胺吡啶对患者进行治疗。目前认为该抗菌药产生疗效的主要成分是分解产生的5-氨基水杨酸，有抗菌消炎和免疫抑制作用，如减少大肠埃希菌和梭状芽孢杆菌，同时抑制炎症介质的合成。已有研究证实，肠道中的普雷沃菌属在类风湿性关节炎的发病因素中占据重要地位，是患者发病的危险因素之一，而干酪乳杆菌则可显著降低患者血清中炎性因子水平，对于缓解病情有一定帮助。

强直性脊柱炎（AS）是一种以脊柱上行性受累和骶髂关节病变为主要症状的慢性疾病。目前普遍认为，强直性脊柱炎的发生与感染、免疫以及HLA-B27（人体白细胞抗原，其表达与强直性脊柱炎有高度相关）相关，但具体的发病机制还未明确。有研究显示，可在强直性脊柱炎患者肠道中检出较高数量的肺炎克雷伯菌，这一现象与病情活动相关。强直性脊柱炎患者的回肠末端韦荣球菌、毛螺旋菌、紫单胞菌、普雷沃菌和拟杆菌的丰度明显较健康的对照者高。

十、肠道微生态与神经系统行为、认知障碍疾病

肠道菌群能影响中枢神经系统，最终可以调节大脑功能及人的情绪、行为和疼痛感，例如在焦虑、认知力等方面起着重要的作用。有研究表明，肠道菌群的组成会影响产后大脑发育，宿主肠道菌群能影响对生命后期阶段的应激反应起重要作用的下丘脑-垂体-肾上腺轴的活性，

其对下丘脑-垂体-肾上腺轴和免疫系统的影响及相互作用参与了许多精神和神经系统疾病。肠道微生物群和中枢神经系统存在复杂而多样的关系，这些双向作用形成了肠-脑轴。高质量的饮食、补充益生元和益生菌都可能有益于情绪。富含膳食纤维和 ω-3 多不饱和脂肪酸的习惯性饮食可能会降低患抑郁症、焦虑症和压力症的风险。

1. 肠道菌群与抑郁症

研究显示，肠道菌群与认知、情感密切相关。特定的肠道细菌通过合成血清素影响人类的情绪和控制抑郁症。虽然大脑中血清素含量最高，但90%的血清素都合成于消化道。通常情况下，肠道细菌合成的血清素不能通过血脑屏障进入大脑。由此科学家们推测，肠道中存在神经组织，可以把感觉信号传递给大脑，进而影响机体情绪。肠道菌群与心理健康具有重要联系，如产丁酸的粪杆菌属和粪球菌属，始终与较高的生活质量相关。在排除抗抑郁药物的影响后，粪杆菌属和粪球菌属在抑郁人群中呈现减少的趋势；肠道细菌合成多巴胺代谢物3, 4-二羟苯酰乙酸的能力与良好的心理健康状态呈正相关。

2. 肠道菌群与自闭症

对自闭症儿童的肠道菌群进行调查发现，90%以上的患者出现了肠道菌群紊乱。与健康儿童相比，自闭症儿童粪便中各个种属的梭状芽孢杆菌数量明显增多，在使用万古霉素进行治疗后，自闭症得到了明显改善。梭状芽孢杆菌不仅会合成与胃肠道疾病紧密相关的肠毒素，还会合成与自闭症相关的神经毒素。

3. 肠道菌群与帕金森病

通过比较帕金森病患者（PD）和正常人的粪便菌群，发现帕金森病患者通常存在幽门螺杆菌感染，双歧杆菌属、雷尔氏菌属、乳杆菌科的丰度增加，一些有抗炎作用的细菌如普氏粪杆菌、粪球菌属、罗斯氏菌属等的丰度明显减少。肠道炎症增加导致肠道及血脑屏障的通透性增加，内毒素暴露增加进而引起帕金森病的发生发展。α-突触核蛋白基因突变型与帕金森病的发病密切相关。在α-突触核蛋白过表达的小鼠模型中发现，失调的肠道菌群会促进神经炎症和运动症状的发生，是帕金森病发生的危险因素。益生菌对于帕金森病患者的症状及生活质量具有改善作用。与使用安慰剂组相比，益生菌使用组帕金森病患者的运动障碍社会量表评分显著降低，同时血清中高敏C-反应蛋白、胰岛素水平降低，谷胱甘肽水平升高。

4. 肠道菌群与阿尔茨海默病

阿尔茨海默病（AD）又称老年痴呆或脑退化症，是常见的退化性失智症。患阿尔茨海默病的病因多样，比如家族史、外伤、年龄过高、免疫系统功能削弱以及病毒感染等。其临床症状表现为行为和精神状态异常、认知能力下降、性格孤僻淡漠等。随着人口老龄化，全世界有近千万人患有阿尔茨海默病，患者及其亲属都饱受病痛的折磨。

阿尔茨海默病与肠道菌群失调有密切的联系，肠内菌群失去平衡后，肠道的微生态环境出现问题，肠道的生物防御膜遭到破坏，会使未被消化的化学物质（包括重金属和其他有害物质）渗透进肠道内层，进入血液循环，使人体大脑中枢神经系统中毒，从而导致阿尔茨海默病。研究认为，肠道菌群产生的神经毒素，可能是诱发阿尔茨海默病的因素之一。肠道中的蓝绿藻和蓝藻细菌等合成的神经毒性物质——丙烯酰胺，可通过激活NADA受体，引发氧化应激反应，同时降解谷胱甘肽，进而导致阿尔茨海默病的神经病变。肠道微生物群可以释放大量的淀粉样蛋白和脂多糖，这可能在调节信号传导途径和产生与阿尔茨海默病的发病机理相关的促炎细胞因子中起作用。有研究报道，在阿尔茨海默病患者的上颞叶新皮质中发现了细菌脂多糖的存在。与对照组相比，阿尔茨海默病患者平均脂多糖水平增加2～3倍，晚期阿尔茨海默病患者更表现出高达26倍的脂多糖增加。用益生菌制剂干预后，阿尔茨海默病患者肠道中有抗炎作用的普氏粪杆菌增加，简明精神状态检查评分显著改善，血液丙二醛、甘油三酯、高敏C-反应蛋白等明显下降。

精神疾病适用的常用益生菌菌株有：瑞士乳杆菌、长双歧杆菌。作用效果：精神疾病和相应药物及抗生素的使用会造成肠道菌群紊乱，破坏肠道屏障，导致相应代谢并发症的发生。同时肠道通过产生神经递质来直接调节神经活动，益生菌通过激活免疫系统，产生抗炎因子治疗肠胃疾病来间接治疗精神疾病。

十一、益生菌对婴幼儿的影响

1. 益生菌缓解儿童普通感冒

食用含有嗜酸乳杆菌和乳双歧杆菌的复合益生菌或者嗜酸乳杆菌单株益生菌都可能缓解儿童普通感冒症状，但多株菌组合的更加有效。杜邦公司的杜邦丹尼斯克 HOWARU®Protect Kids益生菌，经临床研究证实能在感冒和流感高发季节有助于儿童保持健康。根据《儿科学》杂志中发表的一篇临床研究文献，这一复合益生菌能使受试对象的感冒和流感症状持续时间从6.5天减少至3.5天。

2. 益生菌改善早产儿消化不耐受及免疫力低下问题

益生菌可用于改善剖宫产儿、早产儿、低体重儿、人工喂养儿等免疫力低下的问题。作为新生儿，早产儿在整个少年阶段会面临诸多风险因子。早产儿的健康成长离不开丰富的营养供应，而良好的、充足的营养供应又需要胃黏膜屏障功能的保障，而新生儿由于胃肠道发育问题，消化吸收功能以及胃肠道动力不完善，发育不成熟，免疫力低下，特别需要补充益生菌。给新生儿补充益生菌，可以显著改善胃肠功能不够完善而引发呕吐等消化不耐受现象。口服益生菌可补充体内生理菌群，这些生理菌群内含有多种酶，可以水解蛋白质、分解碳水化合物，从而促进对食物的消化吸收。在益生菌代谢过程中会产生大量有机酸，这些有机酸会刺激肠蠕动和促进胃排空，从而使喂养不耐受症状减轻。除了喂养不耐受等症状之外，高胆红素血症也是新生儿经常出现的症状，应用益生元混合物可控制、治疗新生儿轻度高胆红素血症。益生菌在新生儿相关疾病如坏死性结肠炎等的治疗方面也有很重要的应用意义。另外，有大量研究已证实，运用益生菌可降低儿童急性腹泻的发生概率其在降低新生儿胃肠道疾病发病率方面将会有良好的应用前景。

十二、益生菌与口腔微生态

（一）益生菌对口腔微生态的影响

口腔是一个有700多种已知细菌定植的环境，益生菌对人类口腔健康的促进及调节作用也已逐渐被认知，并提出不使用抗生素，而以细菌疗法治疗细菌性牙周疾病的理念。口腔益生菌已经被证实能够通过抑制口腔致病菌来防治龋齿、牙龈炎和牙周炎，其对防治种植体周围炎症也具有疗效。补充丰富的益生菌食物可以降低学龄前儿童感染变形链球菌和唾液乳杆菌的风险。通过代谢组学研究证明，益生菌能够通过改变口腔唾液膜的蛋白组分，影响口腔微生态，从而防止链球菌的黏附，以阻止牙龈疾病的发生。龋齿是口腔中的酸性细菌与碳水化合物之间相互作用产生的复杂的疾病，唾液中变异链球菌的生长是导致此病的主要原因。乳制品中的乳酸菌如益生菌 *L. reuteri* 等可以阻碍唾液中变异链球菌的生长，对其有明显的抑制作用。*L. reuteri* 是一种潜在的具有积极抗菌活性的重要肠道细菌，它可以分泌一种具有抗菌活性的化合物，在维护健康、免疫调节和治疗疾病方面也起到了有益的作用。有趣的是，*L. reuteri* 和木糖醇联用可以增强其治疗龋齿的效果。念珠菌是存在于人体口腔的一种真菌，多存在于老人和儿童口腔中。一般30%～60%的健康人群中都存在念珠菌，然而某些情况下的大量增殖会引起诸如口腔念珠病等一系列疾病。常食用富含益生菌的奶酪可以使老年人患口腔念珠病的概率降低30%。益生菌通过介导免疫刺激而清除部分念珠菌，并且益生菌和念珠菌竞争性地黏附于上皮细胞，干扰了念珠菌的生长。*L. casei* 和 *L. acidophilusin* 可以降低白色念珠菌对人体口腔上皮细胞的黏附性。

防治口腔疾病常用的菌株有：唾液乳杆菌K12、短乳杆菌、发酵乳杆菌、罗伊氏乳杆菌。作用效果：益生菌治疗后使牙龈指数（GI，指观察牙龈状况，检查牙龈颜色和质的改变以及出血倾向）和探诊出血（BOP，用牙周探针尖端置于龈下1 mm，轻轻沿龈缘滑动后观察片刻看有无出血）显著降低。

（二）通过监测口腔菌群预防疾病发生

科学家通过研究口腔菌群与各类身体疾病之间的关系，发现了口腔菌群与各大身体系统之间的关联与相互作用，通过更加深入的研发以实现利用口腔菌群的动态平衡变化来预防与治疗相关疾病的目的。虽然此项研究还在起步阶段，但可以预示未来可能只需检测体内的微生物菌群组分，即可预测疾病。

1. 检测口腔菌群预测癌症

头颈部肿瘤与人体内微生物菌群的组成密切相关，通过检测人体内正常菌群能够分辨出头颈癌患者和健康人，口腔正常菌群可能成为寻找并战胜癌症的有力工具。这一发现为癌症更加迅速精准的诊治提供了潜在的机遇。该研究旨在更好地了解微生物菌群对癌症的免疫反应及其之间的相互作用。研究人员通过对癌症患者与非癌症患者的口腔菌群样本进行比对，发现癌症患者样本中的链球菌、小杆菌、韦氏球菌等含量显著增加，而奈瑟菌属、嗜血杆菌属及纤毛菌属等则显著减少。癌症患者样本中的乳酸杆菌与非癌症患者相比有将近100倍的差异。此外也发现菌群种类与宫颈癌常见致病病毒（HPV）状态相关，HPV阳性者明串珠菌属及韦荣氏菌属的存在比例，明显大于HPV阴性者。不过，上述内容仅为初步实验的结果，尚需更直接的证据加以支持。研究人员将进一步分析细菌DNA对细菌本身的影响，同时探究唾液样本中的细菌基因将对口腔产生怎样的影响。有研究证实，肠道菌群和口腔菌群均与结直肠癌关系密切。具核梭杆菌存在于口腔中，能够在机体免疫力下降的时候随着血液循环转移到身体其他部分，导致局部炎症的发生，间接促进肿瘤的形成。该菌可以从结直肠癌组织中分离得到，同时该菌丰度高的患者结直肠癌的患病风险也高，因此该菌的数量变化可以作为结直肠癌发生的潜在标志。

2. 检测口腔菌群预测糖尿病

近年来，糖尿病的发病率持续上升，它伴随着一系列并发症，口腔也受到了糖尿病的影响。糖尿病导致口腔菌群变化甚至打破了口腔微生态平衡，造成的严重影响不只存在于口腔，甚至可能破坏人体的免疫系统，导致各种疾病的发生。

十三、益生菌替代抗生素的替代疗法

抗生素除了作为药物被摄入人体之外，其在食品中的残留也是人体摄入抗生素的重要渠道。很多肉用动物在养殖过程中均被饲喂大量的抗生素。

1. 抗生素的滥用消灭了大量的益生菌

抗生素的滥用破坏了肠道菌群的正常结构，打破了肠道菌群自身调节的动态平衡。经常使用抗生素，不仅消灭了致病菌，也消灭了大量的益生菌，导致多种肠道疾病的发生。菌群紊乱最终导致了诸如便秘、肠易激综合征、炎症性肠病、神经系统疾病、代谢综合征、过敏性疾病、自身免疫性疾病以及心脑血管疾病等的发生与发展。

2. 抗生素的滥用带来耐药性细菌的传播

抗生素的滥用会导致大量耐药细菌传播，耐药细菌导致抗生素在感染性炎症的治疗中药效下降甚至完全丧失，增加了人体感染性疾病的死亡率。抗生素在治疗感染性肠炎等疾病时导致疾病反复发作，因而亟待开发抗生素的替代物或辅助治疗物以解决耐药性细菌、抗性基因等带来的负面效应。

3. 用益生菌替代抗生素

益生菌虽然现在还不是药，但由于其表现出的优良特性和潜在的应用价值，用益生菌替代抗生素的替代疗法已经受到人们的高度重视。当常规抗生素处方无效时，**WHO**认为益生菌可作为人类的下一个重要的免疫防御系统。目前用于益生菌药物的大多数菌株主要来源于人体肠道原籍菌群，如双歧杆菌、乳杆菌、酪酸梭菌等。益生菌副作用小，不会产生耐药性，可限制超级细菌的产生，对细菌、真菌都有很好的抑制作用。益生菌具有从根本上抑制致病菌生长繁殖的优势，会逐渐成为医药开发行业的新宠。由于微生态制剂几乎无毒副作用，今后在感染性疾病的防治应用方面将有较好的发展潜力。应避免在农业生产中施用抗生素以及抗真菌药物，避免将抗生素作为饲料添加剂使用，同时应该大力开发并推广有效的替代物益生菌，以避免农畜产品在生长过程中受到细菌、真菌的感染而导致产量受损。

4. 用细菌素替代抗生素

由益生菌产生的细菌素，是一种无抗药性、无残留、杀菌快的天然蛋白类抗菌剂，同时还具有低成本、生产快等特点，具备抗生素无法比拟的优势。近年来，越来越多国内外学者致力于细菌素类产品的研发，细菌素将在人类健康、食品防腐和生物防治领域发挥巨大的作用。随着细菌素代替抗生素的研究越来越受到人们的重视，定义也不断完善，目前普遍认为细菌素是由基因控制、核糖体合成的多肽类物质，具备免疫原性，不诱发抗性菌株。细菌核糖体合成的蛋白类抗菌物质，属于抗菌肽，抑菌范围可宽可窄。判断细菌素的标准在于是否是蛋白类物质以及是否具有自身免疫性。革兰氏阳性菌和革兰氏阴性菌都可以产生细菌素，甚至古细菌也可以。有的细菌分泌的蛋白类抗菌物质没有得到充分了解，广义上也被归为细菌素或者细菌素类似物。

5. 几种可替代传统抗菌物质的细菌素

（1）乳酸菌细菌素。近年来新发现的细菌素越来越多，其中研究最为透彻的是乳酸菌产生的细菌素，统称为乳酸菌素。乳酸菌素具有自身免疫性，可以竞争性抑制亲缘关系近的菌株，如乳酸链球菌素（nisin）可以抑制某些其他乳酸菌，同时可以杀死多数革兰氏阳性致病菌。nisin是首个用作天然食品防腐剂的细菌素，其高效、无毒，热稳定性好，且对胃蛋白酶不敏感，不会产生耐药性。基于nisin的众多优良特性，它已广泛应用于食品添加剂、益生菌、制药、农业等领域，应用范围达到全球50多个国家和地区。很多乳酸菌都可以产生乳酸菌素，它们根据相对分子质量、热稳定性和结构等特点被分成几类。目前乳酸菌素的研究方向主要集中于利用基因工程和蛋白质工程手段高效表达nisin，同时开发更多安全高效的天然防腐剂。作为传统抗菌物质的替代品，乳酸菌素将在未来的食品工业发展中发挥重要的作用。为已经发现的乳酸菌细菌素探索更加科学、便捷的纯化途径，利用分子改造技术创造出具有更强适应性的乳酸菌，生产抗菌性能更强、抗菌谱更广的天然防腐剂等将是乳酸菌素产业发展的主要方向。

（2）枯草芽孢杆菌细菌素。枯草芽孢杆菌益生菌能够产生多种抗菌物质，目前已报道的有20种，统称为枯草杆菌素（subtilin）。中药中的枯草芽孢杆菌LFB112，对大肠杆菌、铜绿假单胞菌、金黄色葡萄球菌等各种食品腐败菌都具有良好的杀灭作用。枯草芽孢杆菌Nxc6能够分泌一种性质优异的细菌素，pH作用范围较宽，热稳定性好，对细菌和一些真菌都具有明显的抗性。

（3）苏云金芽孢杆菌细菌素。苏云金芽孢杆菌可以产生丰富的抑菌物质，杀死多种害虫，在农业方面的应用已经十分成熟。从土壤中分离得到一株苏云金芽孢杆菌，产生的细菌素对常见植物病原菌具有毒杀作用，同时还产生丰富的淀粉酶、蛋白酶、脂肪酶等代谢物，具有很高的商业应用价值。Bacthuricin F4是于2005年被发现并命名的苏云金芽孢杆菌素，为小分子多肽，对蛋白酶敏感，对芽孢杆菌具有强烈的抑制作用，但对革兰氏阴性菌几乎没有作用。

（4）地衣芽孢杆菌细菌素。一种嗜温性地衣芽孢杆菌产生的新型细菌素bacillocin 490，稳定性非常好，且可以在牛奶中发挥抗菌作用，应用于高温高酸性食品。从待产妇阴道中分离的地衣芽孢杆菌细菌素，具有调节微生态平衡的作用，可以用于治疗肠道疾病。

（5）其他细菌素。明串珠菌可以产生细菌素leucocin A，已被尝试应用于肉制品中防止米酒乳杆菌的繁殖。从肉制品中得到的一株戊糖片球菌，产生片球菌素对单增李斯特菌具有良好的杀灭作用。婴儿双歧杆菌14602产生的细菌素相较于nisin具有更加广泛的抑菌谱和pH适应性，可以很好地弥补nisin的不足。

除了杀菌作用以外，细菌素还具有抵抗肿瘤、病毒和寄生虫等多重功能。细菌素抗肿瘤的机制可能是由于癌细胞表面带有大量负电荷，而大多数细菌素为阳离子多肽，二者易产生静电吸引而发生相互作用。

6. 细菌素在人类健康中的应用

抗生素滥用导致越来越多的临床抗性菌株，甚至还发现专嗜抗生素的病原菌。将细菌素作为抗生素的替代品在临床具有广阔的应用前景。目前已有一些国外企业将抗菌肽制成药品，开始临床试验。例如抗菌肽iseganan被应用于口腔黏膜炎治疗，三期临床试验已完成。研究表明多种细菌素已在大肠杆菌工程菌中大量表达，为后期研究和应用提供基础。比如细菌素pexiganan对糖尿病治疗表现出一定潜力，目前处于临床试验阶段。有些芽孢杆菌细菌素甚至对抗生素耐性病原菌具有明显作用，可以用于解决耐药性问题，具有潜在的应用价值。常见细菌素subtilosin A可以杀灭阴道加德纳氏菌，有望用于临床发挥治疗作用。类细菌素由于可以有效抵抗口腔厌氧微生物而用于口腔医学研究。

细菌素作为安全高效抗菌剂的良好资源，在食品防腐、人类疾病防治和生物防治等领域展现出巨大的应用潜力，其开发和应用之路任重而道远。

十四、益生菌的抗衰老作用

衰老是人体生理功能随时间逐渐退化的一个过程，其机制极其复杂，到目前为止还没有一种阐释衰老的学说能完全阐明其机制。

1. 肠道菌群参与了衰老的进程

研究发现，数目庞大、种类繁多的肠道菌群可以通过参与调节氧化应激反应、炎症反应、免疫反应及代谢作用等多种途径参与衰老的进程。机体衰老始于肠道，衰老在肠道的表现有魏氏梭菌及大肠埃希菌增多而双歧杆菌减少等，引起肠功能紊乱，发生便秘、腹泻和肠道解毒功能减退等。

（1）衰老伴随着肠道菌群结构改变。机体衰老往往伴随着肠道菌群的多样性下降，糖解细菌减少和蛋白水解菌增加，具体表现为双歧杆菌、拟杆菌、肠杆菌、厚壁菌等数量和种类显著下降，梭杆菌、产腐败物梭状芽孢杆菌、链球菌等兼性厌氧菌数量显著上升。研究超长寿人群的肠道微生物群，发现其中厚壁菌和变形菌以及与健康相关的菌群含量较高，如双歧杆菌属和克里斯蒂内氏菌科，而其他核心菌群，包括疣微菌、毛螺菌和拟杆菌的丰度减少，这可能是帮助老人维持稳态、保持健康，实现其超长寿的原因之一。肠道微生物多样性降低已被发现与老年人脆弱指数升高相关，如普拉梭菌的丰度与脆弱指数呈负相关，普拉梭菌可以通过调节胃肠道和外周血液内的代谢物减轻肠道的炎症反应。从韩国80岁以上老人的肠道菌群中筛选益生菌的研究发现，发酵乳杆菌是最多见的细菌，其中最优的是发酵乳杆菌 PL9988型。该菌在结合肠上皮细胞，增强宿主免疫、抗炎和抗氧化方面最有优势。国内针对长寿之乡广西巴马瑶族自治县百岁老人肠道内双歧杆菌进行研究，收集老人的粪便后进行变性梯度凝胶电泳测试，分析结果后显示，年龄和居住地可能影响肠道微生态构成。

（2）衰老引起肠功能紊乱、解毒功能减退。机体衰老始于肠道，表现为肠功能紊乱、肠道解毒功能减退等。机体衰老同肠道腐败有关。腐败菌代谢产生的腐败产物，如氨、胺类、硫化氢、酚类、吲哚、粪臭素和内毒素等有毒物质增多，pH升高，有毒物质被吸收进入血液，侵蚀全身各组织器官，加速机体衰老，引发老年病如胆固醇增高、动脉硬化、癌症等。

（3）衰老导致肠道免疫功能下降、引发全身性炎症。衰老引起的肠道菌群结构改变导致肠道免疫功能异常及肠道菌群的自身免疫耐受下降，可能引起炎症反应。衰老引起的肠道微生物失调往往伴随着肠道通透性的增加，造成肠道微生物及其代谢产物进入血液循环，从而引发全身性炎症，外周炎症可直接影响中枢神经系统中的神经免疫过程，导致认知功能受损。衰老与许多神经退行性疾病有关，其中最为常见的阿尔茨海默病和衰老与脑代谢功能减退有关，帕金森病则与慢性炎症相关联。

2. 补充益生菌可以延缓机体的衰老

口服益生菌，维持体内肠道微生物的平衡以及多样性对避免胃肠道疾病的发生和改善老年人群的健康非常重要，可能会有助于降低疾病发病率并起到延长寿命的效果。

（1）肠道微生物调节老年人的免疫功能。衰老会导致身体功能退化，免疫力下降，而益生菌可以减少致病菌的产生，刺激细胞产生抗炎细胞因子，影响树突状细胞、单核细胞、巨噬细胞和淋巴细胞的活性，提高机体免疫力，减少疾病的发生。益生元和益生菌可通过改变肠道菌群结构或通过产生代谢产物，如短链脂肪酸等来直接或间接地调节免疫应答反应。短链脂肪酸通过调控组织中细胞因子的表达，抑制相关趋化因子，从而减少巨噬细胞和嗜中性粒细胞的聚集，达到免疫调节的作用。

肠道微生物具有调节免疫衰老的作用，包括降低老年受试者血液中的促炎细胞因子，如IL-6、IL-8、IL-10等的水平，并提高淋巴细胞、自然杀伤细胞的活化水平和吞噬活性。此外，肠道微生物中结肠细菌的代谢产物丁酸盐有助于维持肠屏障功能稳定，具有免疫调节、抗炎和抗癌等作用；双歧杆菌可以产生乳糖酶，将乳糖降解成葡萄糖、半乳糖，从而改善乳糖不耐症，促进机体对某些矿物质（钙、铁）及维生素D的吸收，还可以产生生物活性脂肪酸，如共轭亚油酸，并对宿主的免疫系统产生积极影响。衰老过程往往伴随着机体抵抗病原微生物入侵能力的减弱。益生菌在肠道内可以调节肠道菌群的种类和数量，抑制致病菌感染肠道，维持肠道内菌群构成的稳定性。

（2）益生菌减少中老年人炎症。益生菌具有减少炎症，维持肠道内微生物平衡，改善人体健康的作用。益生菌可以显著地减少中年人和老年人中炎症生物标志物IL-6和C-反应蛋白的水平，从而减少全身性炎症的发生，延缓相关生理功能的退化。

（3）益生菌缓解精神性疾病。随着年龄的增长，机体功能减弱、大脑逐渐老化、反应速度降低、记忆力减退、个体精神类疾病的患病风险增加。临床研究发现，益生菌在减少焦虑、减轻压力反应和改善肠易激综合征及慢性疲劳患者的情绪中起到一定的积极作用，如瑞士乳杆菌可以减轻肝性脑病动物的炎症，改善其认知功能。与年轻人相比，老年人肠道微生物群的多样性减少，退行性疾病的发病率增加，且认知和记忆功能降低，而瑞士乳杆菌NS8可以恢复脑源性神经营养因子（BDNF，是成熟的中枢及周围神经系统的神经元维持生存及正常生理功能所必需）的表达，改善认知、学习和记忆功能。

（4）益生菌降低代谢性疾病风险。人体衰老过程中往往伴随着代谢功能的紊乱和代谢性疾病的发生。益生菌可通过在肠内对肠黏膜和微生物的影响，产生抗炎、免疫调节作用和抗氧化作用，从而影响内质网应激、葡萄糖稳态和胰岛素抵抗相关基因的表达，达到预防糖尿病的作用。益生菌还可以调节单核细胞的功能，增强肠道免疫能力，降低肠道通透性，减少肠内病毒感染的发生。研究人员通过实验证实，益生菌可以降低人体血清中炎症标记物的水平，促进体重降低以及改善维生素D水平。因此，通过进食富含益生菌（如链球菌、乳酸杆菌和双歧杆菌等）及益生元的食物，减少高脂饮食摄入，可以增加肠道内有益细菌的数量，减少致病菌内毒素的释放，同时增加体内短链脂肪酸的水平等，对预防代谢性疾病有重要作用。

（5）益生菌抑癌作用。随着年龄的增长，机体各种功能退化，癌症的发病率也急剧增加。研究发现，益生菌通过多种途径参与癌症的调控，如通过调节肠道菌群结构，参与代谢调节，抑制致癌物活性；通过对端粒酶的作用抑制肿瘤细胞生长；通过对巨噬细胞、自然杀伤细胞和T细胞等免疫细胞的调节作用发挥抗癌活性；产生抗氧化活性，诱导癌细胞凋亡以及对癌细胞产生细胞毒作用等。研究表明，乳链球菌素NK34对各种癌细胞系，如人肺鳞癌细胞系（SK-MES-1）、人结肠腺癌细胞系（DLD-1）、人结肠腺癌细胞系（HT-29）、人结肠腺癌细胞系（LoVo）、人胃腺癌细胞系（AGS）和乳腺癌细胞系（MCF-7）均具有抗癌和抗炎活性。此外，研究人员还发现干酪乳杆菌YIT9018有抗肿瘤活性，能抑制小鼠和豚鼠中肺癌的淋巴转移。有研究报道，从传统乳制品中分离出来的干酪乳杆菌、副干酪乳杆菌、鼠李糖乳杆菌和植物乳杆菌通过下调ErbB-2和ErbB-3基因的表达对结肠癌细胞发挥抗癌作用。胃癌化疗过程中添加双歧杆菌乳杆菌三联活菌片可促进正常菌群生长，对肠道菌群失调有预防作用，明显降低不良反应，提高患者对化疗的耐受性。此外，新型益生菌嗜黏蛋白-艾克曼菌也被发现能显著增加癌症免疫治疗的效果。因此，了解益生菌的抗癌作用机制及其在抗癌中的应用将对延缓人体衰老，增加寿命具有重要意义。

总之，补充益生菌可以提高机体免疫力，提高老年生活质量，在一定程度上可以延缓机体的衰老，增加寿命。近年来，除链球菌、乳酸杆菌和双歧杆菌这些常规的益生菌外，研究人员发现一些新的益生菌也能对宿主的健康起到积极作用。此外，有研究正在尝试使用基因工程的手段改造具有特定功能的益生菌，让其在疾病的检测、防御、治疗和延缓衰老等方面发挥更显著的作用。益生菌如同人体必需的营养素一样，缺乏了就会生病，需要及时补充。儿童从小就要建立良好的菌群微生态，否则会影响儿童的免疫系统。由于免疫系统对于由外部而来的益生菌有识别的过程，当外部直接添加益生菌时不同体质的人可能会产生不同的反应。另外，益生菌许多令人惊奇的功效都高度依赖于菌株的特定性，不同菌种、不同菌株、不同的菌株配比都可能有完全不同的功效，因此选择益生菌时应该根据不同的功能需求来选择适合的益生菌产品。给人体补充益生菌要有针对性，即根据想要预防或治疗的特定问题选择相应的菌种，针对不同的病因及体质，添加使用不同的菌种。

第四章

益生菌在疾病治疗方面的研究进展

益生菌由于具有从根本上抑制致病菌生长繁殖等多方面优势，正逐渐成为医药开发行业的新宠。益生菌不仅能增强机体的先天免疫系统与免疫耐受，还能抵抗致病菌及其他外源微生物对机体的入侵。医学研究表明，益生菌已经用于预防和治疗胃肠道感染、肠炎、乳糖不耐症、过敏症、泌尿生殖道感染、囊性纤维化和抗生素的不良反应等健康问题。近年来，益生菌制剂在疾病治疗研究和临床方面占有越来越重要的位置，打破了只用药物治疗疾病的传统局面。

2009年统计的文献报道，临床已使用益生菌治疗的疾病有：急性腹泻（包括急性感染性腹泻、轮状病毒肠炎、肺炎继发腹泻、菌痢）、慢性及迁延性腹泻（含伪膜肠炎、肠道菌群失调）、抗生素相关性腹泻、放疗及化疗引起的腹泻，功能性肠病（包括肠易激综合征、便秘、腹痛、厌食、消化不良等）、炎症性肠病，新生儿黄疸，母乳性黄疸肝脏疾病（含婴儿肝炎综合征、肝炎和肝硬化腹水），乳糖不耐受，早产儿营养不良、喂养困难及提高口服耐受，阑尾炎术前准备及术后预防，耳鼻喉疾病，湿疹等过敏性疾病，阴道炎、肺炎、支气管炎、急性胰腺炎、肾病综合征、脾曲综合征等。在上百篇已发表的文献中，均得出益生菌治疗疾病有效的结论。以有效率表明疗效的文献计：其中有效率为100%的占48%，有效率达90%以上的占67.6%，80%以上的占20%，80%以下的占6.9%，最低有效率为65%。这些国内外文献已表明，益生菌对于腹泻、肠易激综合征、炎症性肠病、幽门螺杆菌感染、结肠癌、肝硬化及细菌性阴道炎等均有确定疗效，益生菌是目前研究中较为有效的生物制剂，可以对常见的致病菌产生抑菌拮抗作用。已开始逐步运用到人类疾病的治疗当中。

一、益生菌可用于新生儿黄疸的防治

黄疸是新生儿期最常见的症状之一。由于新生儿血脑屏障功能不健全，有高危因素存在时易引起胆红素性脑病，从而产生严重的中枢神经系统后遗症。有文献报道，母乳性黄疸患儿口服益生菌制剂（妈咪爱）5天，可显著降低血清胆红素水平，减少十二指肠液和肠腔内葡萄糖醛酸酶的含量。

二、益生菌可用于肠道疾病的治疗

（一）双歧杆菌四联活菌片与蒙脱石散联合治疗儿童腹泻

儿童腹泻是儿科诊疗中的常见病和高发病，主要是以腹泻、腹胀、高热、脱水、呕吐、酸碱平衡紊乱以及水电解质紊乱作为主要临床症状表现的疾病。病原可由病毒、细菌、寄生虫、真菌等引起。肠道外感染，滥用抗生素所致的肠道菌群紊乱，过敏、喂养不当及气候因素等均可致病。有研究指出，肠道内益生菌群失调可影响肠黏膜5-HT和血浆NPY、VIP水平[①]，造成肠道损伤，影响肠道功能恢复。

　　双歧杆菌四联活菌片是由双歧杆菌、嗜酸乳杆菌、粪肠球菌、蜡样芽孢杆菌四种活菌制成的益生菌类药物。双八面体蒙脱石微粉（思密达）剂是消化道黏膜的保护剂，可吸附进入肠道的致病菌、毒素等，提高肠道黏膜屏障的保护能力，抑制病原菌的繁殖。研究蒙脱石散联合双歧杆菌四联活菌片对儿童腹泻肠黏膜5-HT和血浆NPY、VIP的影响，结果发现，蒙脱石散联合双歧杆菌四联活菌片可以通过调控VIP、NPY和5-HT的分泌和释放，减轻肠道炎症反应，抑制胃肠道蠕动，从而改善腹泻症状，促进患儿尽快康复。腹泻次数正常时间、大便性状变稠时间、腹痛停止时间、腹泻停止时间、大便细菌培养恢复正常时间均有改善，有效率为90.0%。这提示两药联合应用存在协同作用，能够有效改善腹泻患儿的临床症状，是较理想的治疗方法。综上所述，四联活菌片联合思密达治疗小儿过敏性腹泻的临床效果较为显著，能改善患儿的临床症状，增强其抵抗能力，减轻炎症反应，提高治疗效果，具有较高应用价值，可应用推广。

（二）蜡样芽孢杆菌活菌片与蒙脱石合用对肠道的作用

　　由无毒需氧蜡样芽孢杆菌制成的活菌制剂，可促进人体内多种双歧杆菌及其他有益厌氧菌的增生、繁殖，维持和调节肠道内菌群平衡。当蜡样芽孢杆菌的活菌制剂与八面体蒙脱石合用时会有以下疗效：对肠道

---

　　① 5-HT是存在于胃肠道与中枢神经系统的单胺类神经递质，主要参与调控胃肠分泌与胃肠运动；在胃肠道中，NPY可以通过与肠黏膜下神经节周围性乙酰转移酶相结合，发挥抑制肠道蠕动的功能；VIP具有刺激小肠水-电解质和胆汁分泌，抑制胃酸及胃蛋白酶分泌和抑制小肠环形括约肌收缩的功能。

内致病因子具有吸附和固定作用而加速其排出；保护肠黏膜并促进其受损部位的修复和再生；恢复肠道内正常菌群分布，改善人体微生态环境。

（三）益生菌联合枫蓼肠胃康颗粒治疗腹泻

急性腹泻定义为由各种病原体感染肠道引起的腹泻，为突然发作，每天的排便次数超过3次，周期一般不超过14天。利用枫蓼肠胃康颗粒联合双歧杆菌三联活菌胶囊对急性感染性腹泻进行治疗，结果表明，服用联合益生菌的治疗效果与服用左氧氟沙星的对照组相似，且腹泻症状消失率明显优于对照组，说明使用具有调节肠道菌群和保护肠道功能作用的益生菌治疗腹泻是一种有效的方法。利用含有粪链球菌、丁酸梭菌、肠膜菌群和生物乳杆菌的混合制剂以及常规口服液疗法治疗急性感染性腹泻病人，相比于没有使用益生菌治疗的人群，使用益生菌治疗的人群腹泻平均持续时间减少了4.6天。在标准治疗中加入等量的克劳氏芽孢杆菌和益生菌共生糖浆，可以更好地发挥益生菌的治疗作用，使用益生菌共生糖浆在减少腹泻频率和持续时间方面比直接服用益生菌更有效。当使用益生菌预防和治疗儿童急性腹泻时，推荐使用鼠李糖乳杆菌。益生菌可通过提高机体免疫力，抑制病原菌的定植、黏附和侵袭，快速恢复肠道菌群数量，提高肠道非免疫防御屏障（包括恢复肠道通透性，激活内源性细菌的代谢功能）等途径来达到预防和治疗腹泻的效果。同时益生菌可以竞争性增强营养物质的吸收，减少尿毒症毒素和铵盐类产物的堆积，改善水电解质紊乱和酸碱紊乱。益生菌还可以通过其占位效应，减少病原体或病理性抗原与肠道黏膜受体的结合，减轻外源性致病体的入侵和内源性致病体的激活，增强机体的免疫防御能力。

（四）益生菌在炎症性肠病中的临床应用

炎症性肠病（IBD）为累及回肠、直肠、结肠的一种特发性肠道炎症性疾病。临床表现为腹泻、腹痛，甚至可能有血便。炎症性肠病是一种世界性流行病，被定义为一种由宿主肠道菌群免疫反应失调而引起的肠道慢性炎症，主要包括溃疡性结肠炎（UC）和克罗恩病（CD）。有研究报道，炎症性肠病的发生与肠道菌群、肠黏膜免疫、外界环境、遗传易感性有较大关联。其病因是肠内菌群、遗传易感性和免疫因素共同作用的结果。

1. 肠道菌群失调是引发炎症性肠病的重要因素

肠道菌群失调是炎症性肠病发生、发展的始动因素之一。在病理情况下，肠道菌群多样性下降，肠道细菌总数增加，致病菌（如大肠埃希菌、拟杆菌类等）总数也显著增加，双歧杆菌和乳杆菌等益生菌比例明显下降且总数低于致病菌。炎症性肠病患者与健康个体之间肠道菌群组成存在明显差异，特别是在微生物多样性和特定细菌类群的相对丰度方面，差异尤为明显。肠道微生物群组成改变导致的代谢物改变，也参与炎症性肠病的病理生理过程。在患者的粪便中一些具有抗炎作用的细菌，如普氏粪杆菌、青春双歧杆菌等丰度下降，而某些可能具有促炎作用的细菌，如活泼瘤胃球菌、禽分枝杆菌副结核亚种、黏附侵袭性大肠杆菌等丰度增加。黏附侵袭性大肠杆菌具有侵袭性和黏附性，在易感宿主体内可改变肠道菌群组成，促发先天性免疫或促进促炎因子的表达，从而引起慢性炎症。当肠道菌群的平衡被打破时，肠道屏障功能减弱，对细菌的防御力以及对抗原的耐受性均减退，如果细菌入侵，会引起肠道黏膜内免疫功能失衡并导致肠道非特异性炎症。炎症性肠病患者丁酸盐水平降低，而丁酸盐除了作为结肠细胞的主要能量来源外，还增加黏蛋白和一磷酸腺苷的产生，抑制促炎细胞因子的分泌。有些肠内致病菌可诱发炎症性肠病，在发病过程中，肠腔内的益生菌如乳酸杆菌、双歧杆菌、消化性链球菌数量明显减少，补充相应细菌后，炎症性肠病可有不同程度的缓解。炎症性肠病通常被认为是宿主对某些肠道微生物的免疫应答，可通过增加肠道内益生菌比例，抑制肠道内致病菌繁殖、改善肠道上皮黏膜屏障功能等，来减轻肠道炎症。

2. 治疗炎症性肠病应以调控肠道菌群为原则，与药物联合治疗

肠道菌群失调是引发机体炎症性肠病的关键因素，因此，治疗炎症性肠病应以调控肠道菌群为原则。益生菌可通过产生乳酸，降低肠道局部pH，抑制肠道内具有毒力因子的微生物的生长，发挥抗菌作用，调节肠道菌群平衡。益生菌还可通过竞争肠上皮结合位点、肠腔内营养物质及定植空间来抑制肠道内致病菌生长。研究发现，源自肠道微生物菌群的色氨酸分解代谢物在免疫稳态、肠道屏障功能中发挥作用。在对炎症性肠病患者实施美沙拉嗪治疗时加用双歧杆菌三联活菌散治疗后，疗效明显增强。双歧杆菌三联活菌散包含嗜酸乳杆菌、长型双歧杆菌和粪肠球菌活菌，其能有效调节机体肠道菌群中的有害菌和益生菌比例，同时还可在一定程度上产生大量有利于肠道功能的营养物质，对改善肠道微环境以及恢复机体菌群平衡具有十分积极的作用。此外，双歧杆菌三联活菌散还可在一定程度上降解肠道内的某些抗原物质，从而有效下调机体免疫系统，起到调节免疫细胞功能的作用，最终达到控制和缓解肠道炎症反应的目的。益生菌可有效结合肠黏膜上皮细胞，增强黏膜防御屏障作用，有助于调节黏膜免疫应答反应，对缓解炎症反应具有十分积极的意义。对炎症性肠病患者实施美沙拉嗪与益生菌联合治疗还具有较好的安全性，患者发生皮疹、恶心、腹泻、纳差等不良反应的概率较低。

3. 粪菌移植是目前治疗肠道菌群失调的研究热点

粪菌移植（FMT）是将健康人肠道功能菌群分离后移植到患者肠道内，重建患者肠道菌群，从而达到治病目的的方法。粪菌移植灌肠治疗可显著提高活动期溃疡性结肠炎患者的临床缓解率，提高肠道菌群种类和数量。虽然一些患者接受粪菌移植治疗后会有腹胀、腹泻、低热等轻度不良反应，但会很快消失，因此其安全性值得肯定。随着技术的成熟和方案的健全，粪菌移植的疗效也越来越明显。这些调控肠道微生物群的方式为疾病的治疗方式提供了一个全新的视角。目前粪菌移植技术逐渐被用于炎症性肠病的治疗，尤其是溃疡性结肠炎的治疗。经粪菌移植

治疗后部分炎症性肠病患者的临床症状得到缓解，且长期治疗后随访，发现粪菌移植可以缓慢促进黏膜愈合，并且患者肠道菌群的多样性及丰富性增加，菌群的组成与正常供体类似。

据统计，粪菌移植治疗炎症性肠病的临床缓解率可达到45%，其中克罗恩病患者的缓解率为60.5%，溃疡性结肠炎患者的缓解率为22%。粪菌移植的疗效存在个体差异，或与炎症性肠病本身发病机制的异质性有关。粪菌移植联合果胶治疗炎症性肠病，可以长期维持移植后菌群的多样性。溃疡性结肠炎患者接受粪菌移植前进行抗生素预处理，疾病缓解率可升至54.0%。此外，粪菌移植在酒精性肝病、代谢性疾病等的临床前研究中也表现出了潜在的应用价值。目前美国食品药品监督管理局已把粪菌移植归于药物类治疗，这在极大程度上促进了该技术的推广。研究显示，粪菌移植一次治疗难辨梭状芽孢杆菌感染（CDI）的有效率可达85%～90%，二次治疗有效率可达100%，该方法已于2013年被写入美国难辨梭状芽孢杆菌感染治疗指南，是目前难治性及复发性难辨梭状芽孢杆菌感染的首选治疗方案。

4. 益生菌应用于克罗恩病的治疗

克罗恩病（CD）是一种原因不明的肠道炎症性疾病。从克罗恩病患者回肠中分离得到的黏附侵袭性大肠杆菌AIEC细菌，可黏附并侵入肠上皮细胞。该细菌进入肠腔，感染巨噬细胞，促进自身定植并加重炎症。大剂量益生菌结合益生元治疗可安全、有效地缓解活动期克罗恩病患者的临床症状。布拉迪酵母菌联合美沙拉嗪治疗克罗恩病的复发率比单独应用美沙拉嗪显著下降。

5. 益生菌联合美沙拉嗪治疗溃疡性结肠炎

溃疡性结肠炎（UC）是慢性炎症性肠病的一种常见类型，临床治疗该病多采取口服氨基水杨酸类药物（美沙拉嗪等）控制肠道炎症，但病情容易反复。美沙拉嗪的有效成分为5-氨基水杨酸，其能有效抑制机体合成前列腺素以及炎性介质白三烯，从而有效抑制炎症反应发生，具有一定的治疗效果。但研究显示，长期对患者使用该药物易使其发生较严重的毒副反应。益生菌治疗对溃疡性结肠炎患者的缓解效果更好，并且在预防溃疡性结肠炎复发方面可能与5-氨基水杨酸一样有效。所以，为保证患者用药安全性，可对炎症性肠病患者实施联合治疗，如益生菌联合美沙拉嗪治疗溃疡性结肠炎。结果显示，在美沙拉嗪的基础上加用益生菌治疗溃疡性结肠炎的总有效率显著提升，复发率明显降低，治疗后血清炎性因子水平下降幅度明显增加。而在安全性方面，这一方案未见明显不良反应，值得临床推荐。双歧杆菌四联活菌片能够有效改善溃疡性结肠炎患者的肠道乳酸杆菌、双歧杆菌大量减少的情况，减轻致病菌与其代谢产物对肠道免疫系统的不良影响，恢复肠道屏障功能，促进炎症缓解。

慢性结肠炎具有慢性、反复性、多发性等特点，因各种致病原因导致肠道炎性水肿、溃疡、出血病变，狭义上指溃疡性结肠炎。应用双歧杆菌活菌胶囊"丽珠肠乐"与结肠炎丸联合治疗慢性结肠炎，在治疗期间忌食生冷、辛辣、油腻等刺激性食物，联合治疗组治愈总有效率95.24%，疗效满意。

6. 敏感抗生素联合益生菌治疗重度溃疡性结肠炎

溃疡性结肠炎按照疾病的严重程度分为轻度、中度和重度三种类型。重度溃疡性结肠炎患者的腹泻次数每天大于6次，出现贫血的症状，血色素可以小于100 g/L或者是血沉的升高，发烧体温超过37.5℃。重度溃疡性结肠炎主要是指侵及结肠黏膜的慢性非特异性炎性疾病，病程长且病情容易反复。重度溃疡性结肠炎传统治疗以抗炎、调节免疫紊乱为主，虽然能够缓解患者的临床症状，但是长期服用药物毒副作用明显，患者耐受性低。为此临床多主张联合治疗方案，通过调节肠道菌群来有效增强治疗效果，达到控制疾病的目的。用敏感抗生素联合益生菌对重度溃疡性结肠炎进行治疗，疗效确切，值得推广。

7. 药物与益生菌联用具有改善炎症性肠病患者焦虑及抑郁的疗效

许多证据表明炎症性肠病患者除了肠道疾病外，还伴有焦虑和抑郁的情绪症状。大部分炎症性肠病患者存在不同程度的焦虑和抑郁情绪，患者病情越重，其焦虑和抑郁水平越高，而焦虑和抑郁水平越高，炎症性肠病复发的可能性就越大。使用美沙拉嗪控制病情是目前公认的治疗方法，其能有效控制肠道炎症反应，提高患者的生活质量，但并不能有效改善病人焦虑、抑郁等不良情绪症状。研究表明，虽然单用氟哌噻吨美利曲辛或益生菌均可以改善焦虑、抑郁症状，并提高患者生活质量，但药物与益生菌联用可以明显提高疗效，因此对于单用效果欠佳的患者，可以考虑联合用药。

总之，益生菌在调节肠道菌群平衡、增强肠黏膜屏障功能、调节肠黏膜免疫等方面发挥着重要作用，在炎症性肠病治疗中具有很大潜力。对于常规治疗效果不理想且极易产生不良反应的炎症性肠病患者，益生菌治疗作用的发现无疑是炎症性肠病临床治疗领域的一个突破和希望。

8. 益生菌对便秘等具有预防和治疗作用

随着经济发展、生态环境恶化、生活节奏加快及饮食习惯改变等因素的影响，慢性便秘的患病率逐步上升。慢性便秘的危害不仅局限于肠道本身，如引起巨结肠，形成的粪石造成肠梗阻，增加大肠癌患病风险，还危害肠道外的人体系统，如加重心血管疾病，引起抑郁症等。对于老年人，便秘是一个严重的健康问题。研究表明，肠道微生物群组成的改变会导致便秘。在慢性便秘患者肠道中，罗斯氏菌属、粪球菌属、乳球菌属的丰度降低，其中粪球菌和罗斯氏菌等可以产生丁酸盐，通过促进胆碱能的途径刺激肠道运动，产生更快的结肠运输；而黄杆菌属、枝动杆菌属等的丰度升高。目前慢性便秘症状的个体差异较大，其治疗目标是缓解症状、恢复正常的肠道动力和排便生理功能。

便秘除了用泻剂和手术治疗，益生菌治疗作为一种新兴的治疗方式因其安全性而逐渐被临床医生关注。益生菌的使用有助于改善功能性便秘患者的整体肠道通过时间、排便次数、粪便硬度。益生菌及其代谢产物能够促进宿主肠道的蠕动，促进食物的消化吸收并预防便秘的发生。

便秘者在服用益生菌制剂时，还必须在生活方式、饮食、运动、情绪等方面加以调节，方能取得满意的排便活动状况。经过三个月益生菌的治疗后，便秘患者的排便次数明显增加，粪便的稠度和体积趋于正常，腹胀、食欲不振、焦虑情绪等症状改善，并且在治疗过程中无不良反应出现。进一步分析患者治疗后的肠道菌群，发现原本丰度较低的普氏菌、双歧杆菌经合生元治疗后丰度升高，致病菌的丰度降低，乙酸盐等代谢产物也在肠道中增加。粪菌移植技术用于治疗慢性便秘也显示出突出疗效，治疗三个月后便秘患者临床改善率超过50%，临床缓解率达37.5%。对于慢传输型便秘患者的临床治愈率更是达到了40.2%，结肠传输时间明显下降。

三、益生菌在治疗肠易激综合征中的作用

肠易激综合征（IBS）是一种最常见的功能性肠道疾病综合征，主要临床表现是腹痛、腹胀、排便习惯改变、大便性状异常以及黏液便等，此类患者粪便中的乳酸菌数量下降，便秘型患者韦永球菌数量升高。

1. 肠道菌群失调导致肠易激综合征

肠道菌群失调被认为是导致肠易激综合征发生的重要病理生理机制之一。肠易激综合征患者肠道菌群的总体微生物多样性相比健康人群减少，结构改变，大部分患者肠道内厚壁菌门的细菌相对丰度增加，拟杆菌门的细菌相对丰度减少。补充益生菌、益生元或合生元可能是肠易激综合征有效且安全的治疗手段。在部分病例中，小肠细菌过生长可能也是导致肠易激综合征的原因。小肠细菌过生长是近端小肠细菌过度生长的状态，过度生长的有害细菌与宿主竞争营养物质并产生毒素，破坏肠上皮细胞及肠道黏膜屏障，从而产生腹痛、腹胀、腹泻等胃肠道症状，表明肠道微生物紊乱状态可影响痛觉感知、促进内脏高敏感状态的发生。在肠易激综合征的病情进展过程中，肠道菌群失衡以及免疫应答紊

乱均发挥着重要作用。

2. 益生菌治疗肠易激综合征效果显著

食物的多样化以及人们的不良饮食习惯导致胃肠道疾病在人群中具有较高的发病率，目前一般的药物治疗并不能达到预期效果，且伴随着巨大的痛苦。然而，利用益生菌治疗肠易激综合征已经取得了较为显著的效果，有着广阔的前景。例如，服用长双歧杆菌NCC3001可以降低肠易激综合征患者的抑郁症状；使用大肠杆菌治疗能显著改善肠易激综合征引起的胀气、恶心等症状；服用两歧双歧杆菌后，患者的肠易激综合征症状（疼痛、不适、膨胀、浮肿、紧迫性和消化障碍）显著改善。越来越多的研究表明，益生菌对肠易激综合征具有很好的治疗作用。

3. 益生菌联合药物治疗肠易激综合征总有效率更高

益生菌与美沙拉嗪都是临床治疗肠易激综合征较好的治疗方案，两者合用更是互相促进，相得益彰。如将枯草杆菌暂时定植于肠道内，可降低局部氧浓度和氧还原电势，为正常菌群创造生长环境，同时服用美沙拉嗪，能够刺激消化道激素分泌，促进胃肠蠕动，恢复肠道功能。益生菌联合美沙拉嗪治疗，与仅接受常规治疗相比，炎症性肠病患者腹痛、腹胀、便秘等临床症状改善更明显，治疗总有效率更高。口服乳杆菌类益生菌制剂可诱导上皮细胞表达阿片样物质和大麻素受体，起到缓解腹痛的效果。另外，奥替溴铵联合嗜酸乳杆菌片治疗总有效率也显著高于仅使用药物的治疗效果。由于服用益生菌后患者无明显不良反应，成为治疗肠易激综合征可选择的较好的治疗方案之一。

四、益生菌在其他消化系统疾病中的辅助治疗作用

1. 益生菌用于乳糖不耐受

乳糖不耐受的根本原因是乳糖酶缺乏。人们摄入的乳糖，需经乳糖酶分解成单糖后才能被吸收。当摄入含乳糖较高的牛奶、母乳等后，乳

糖酶缺乏人群，乳糖不能被分解吸收会引发腹泻等消化道症状，称为乳糖不耐受。乳糖不耐受依据乳糖酶缺乏的情况分为先天性乳糖酶缺乏、继发性乳糖酶缺乏和成人型乳糖酶缺乏。许多人都不同程度地存在这一问题，与种族、地域密切相关，我国汉族人中成人乳糖不耐受的约为75%～100%。先天性缺乏乳糖酶，或因肠道感染、营养不良等使乳糖酶缺少时，乳糖不能被分解，而导致腹胀、腹泻。乳糖不耐受的临床表现差异很大，严重者不仅可能干扰正常的生长发育，还会降低生活质量，影响工作。儿童乳糖不耐受发病率较成人低，症状不典型，但可影响儿童的生长发育，可以通过添加乳糖酶、食用低乳糖饮食为主等方法解决。益生菌可帮助分解牛奶中的乳糖，促进牛奶中营养成分的吸收。双歧杆菌、乳酸杆菌在酵解乳糖时只产酸不产气、不增加渗透压、改善肠道微生态平衡，各种症状均可缓解。应用嗜酸乳杆菌DDS-1菌株治疗乳糖不耐受的疗效显著，腹泻、腹部绞痛、呕吐症状都大有改善。

2. 益生菌用于功能性消化不良

功能性消化不良是指具有餐后饱胀不适、早饱感、上腹痛、上腹烧灼感中的一项或多项症状，检查无胃肝胆胰疾病，不能用器质性、系统性或代谢性疾病等来解释产生症状原因的疾病。功能性消化不良为临床常见病、多发病，表现为反复发作或持续的上腹胀满、厌食、烧心等症状。此外，胃肠动力紊乱、胃酸分泌异常、幽门螺杆菌感染、胃肠激素、精神心理因素等与功能性消化不良密切相关。随着生物-心理-社会医学模式的出现，脑-肠互动机制在功能性消化不良发病过程中的作用日益受到关注。深入了解脑-肠轴之间的相互关系，为功能性消化不良的药物治疗提供新的作用靶点，以提高临床疗效。

功能性消化不良患者的肠道菌群失调，主要表现为肠道菌群的组成改变和小肠细菌过度生长两个方面。肠道菌群的组成改变大致表现为菌群种类、相对丰度的改变和益生菌（乳酸杆菌、双歧杆菌）数量的下降；小肠细菌过度生长指小肠内菌群主要转为结肠样菌群，细菌数量增加。使用益生菌或肠道抗生素利福昔明能改善消化不良症状，以肠道菌群作为新的研究切入点，将有助于探索功能性消化不良新的防治方法。

3. 益生菌对幽门螺杆菌感染的抑制作用

幽门螺杆菌是急性和慢性胃炎的病原体，也可诱发消化性溃疡、胃癌和胃淋巴癌。越来越多的研究表明，幽门螺杆菌是胃癌发生的重要因素。幽门螺杆菌可通过碗筷、饭菜或粪便传播。中国人由于饮食习惯不分餐，据调查有半数以上的中国人已经被这种菌感染，但很多人没有临床症状。

益生菌能抑制幽门螺杆菌的定植及活性，某些益生菌能够产生抑制其生长的细菌素。大量活的益生菌能够通过合适的方法干扰或阻断幽门螺杆菌在胃黏膜表面的黏附和在胃里的定植。益生菌还能通过调节机体的免疫机能，改善胃肠道微生态环境，提高根除幽门螺杆菌的治疗效果等多种作用。乳酸菌、嗜酸乳杆菌和干酪乳杆菌对幽门螺杆菌的抑制是通过分泌乳酸和自溶酶发挥作用的。益生菌产生的乳酸、释放的细菌素可以干扰幽门螺杆菌对上皮细胞的黏附，减弱幽门螺杆菌引起的胃炎。益生菌可以通过抑制幽门螺杆菌黏附在胃的上部，改变细菌素的受体，产生酸性物质、细菌素等抗菌物质及脂肪酸等化合物，阻碍幽门螺杆菌在胃中的生长，增强机体的免疫力，降低感染幽门螺杆菌的概率。常饮用的乳酸菌牛奶就可以显著降低幽门螺杆菌感染的风险，但并不能根除幽门螺杆菌。虽然益生菌不能单独治愈幽门螺杆菌所引起的相关疾病，但胃炎患者服用有活性的干酪乳杆菌可以增强根除幽门螺杆菌的治疗效果。随着细菌对抗生素的耐药性增加，促使我们需要采用副作用小的益生菌及其代谢物在治疗和根除幽门螺杆菌方面发挥作用。幽门螺杆菌标准的传统治疗方案是一个为期一周的"三联疗法"（即是一种质子泵抑制剂，像奥美拉唑、泮托拉唑、埃索美拉唑、雷贝拉唑这一类的药物，加上两种抗生素，三联推荐的抗生素一般耐药率比较低的有阿莫西林、四环素、左氧氟沙星这一类的）。标准的"三联疗法"加服益生菌可以有效根除幽门杆菌的感染，还能降低多种与治疗相关的副作用。益生菌及其代谢物在治疗和根除幽门螺杆菌方面的有效作用，使其在未来作为新型药物的可能性大大增加。

五、益生菌对高血脂的影响

血脂是血浆中的中性脂肪（胆固醇和甘油三酯）和类脂（磷脂、糖脂、固醇和类固醇）的总称。高血脂是引发心脑血管疾病的主要因素，降低血清中的血脂水平能够显著降低心脑血管疾病的死亡率。降血脂作用是益生菌功能性研究的一个重要方向，特定的益生菌及其制品能显著降低血清中的血脂水平，促进肠道微生态系统健康发展。高脂血症及其并发症已成为全球发病率和死亡率最高的疾病之一，但目前的治疗手段还很局限，药物治疗副作用大、价格昂贵，而益生菌作为价格低廉、副作用小的一类物质对治疗高脂血症有很大的开发前景。服用益生菌及其相关制品可抑制脂肪酸和胆固醇的生成，促进碳水化合物生成短链脂肪酸和其他盐类，减少人体血清胆固醇含量，从而调节脂质代谢。益生菌对低密度脂蛋白的吸收水平要显著高于高密度脂蛋白，降低总胆固醇和有害的低密度脂蛋白含量，使有益的高密度脂蛋白含量上升，从而可很好地维持体内胆固醇含量处于平衡状态。益生菌的细胞膜或细胞壁，还可通过益生菌的胆盐水解酶的作用，使小肠内水解后的胆固醇与食品中胆固醇发生共沉淀作用，通过粪便排出体外。

大量研究证明，摄入益生菌及其相关制品与降血脂功效存在正相关性。人体试验表明，降血脂益生菌菌株主要为乳杆菌属和双歧杆菌属，含嗜酸乳杆菌和双歧杆菌的益生菌制品能显著降低高胆固醇患者血清中的总胆固醇和有害的低密度脂蛋白的含量。当前用于降血脂研究的菌种主要包括乳杆菌属、双歧杆菌属和其他菌种三大类。双歧杆菌可将胆固醇转化成类胆固醇，因此可降低血清中胆固醇和甘油三酯的含量，具有改善脂质代谢紊乱的作用。乳酸菌的发酵牛奶使人的血浆胆固醇浓度降低，如已发现新疆自制马奶酒中有降胆固醇能力较强的菌种。与传统酸奶相比，益生菌酸奶能有效改善机体的血脂水平。大量动物试验表明，乳酸菌发酵产生的有机酸、特殊酶系、细菌表面的成分以及乳酸在体内的代谢具有降血脂的功效。有机酸中的醋酸盐、丙酸盐和乳酸盐可对脂肪的代谢进行调节，对降低血浆中总胆固醇和甘油三酯的水平起着一定的作用。采用发酵乳杆菌对高脂血症大鼠进行干预试验研究，发现大鼠的血清中甘油三酯水平、胆固醇水平和低密度脂蛋白胆固醇水平均得到有效降低，表明发酵乳杆菌具有良好的辅助降血脂功能。

曾被研究或使用过的具有降胆固醇作用的乳杆菌有发酵乳杆菌（*L. fermentum*）、罗伊氏乳杆菌（*L. reuteri*）、干酪乳杆菌（*L. casei*）、德氏乳杆菌（*L. delbrueckii*）、嗜酸乳杆菌（*L. acidophilus*）、格氏乳杆菌（*L. gasseri*）和淀粉乳杆菌（*L. amylovorus*）等。其中研究最多的是嗜酸乳杆菌，已经从发酵制品中分离出的乳酸菌DM86056，有较强降低胆固醇能力，而且耐酸与耐胆盐，可适应胃肠道环境，不至于被破坏。口服双歧杆菌益生菌制剂与饮食疗法联用治疗原发性高脂血症儿童具有良好的耐受性且效果显著。在他汀治疗组基础上口服双歧杆菌三联活菌胶囊420 mg，3次/天，分别于治疗前15天、治疗后15天检测血清总胆固醇（TC）、甘油三酯（TG）、低密度脂蛋白胆固醇（LDL-C）和高密度脂蛋白胆固醇（HDL-C）的水平。结果发现，TG和TC在治疗后15天即有明显下降，且肠道菌群失调得到改善。动物双歧杆菌LPL-RH的体内降脂能力最为突出，能抑制肝胆固醇生成、促进体内胆固醇的排泄，并借助益生菌本身的同化作用，抑制胆固醇合成酶的活性，将肠道内的胆固醇同化。根据双歧杆菌三联活菌胶囊联合阿托伐他汀钙片对高脂血症患者血脂、载脂蛋白水平及肠道菌群的影响的研究结果显示，双歧杆菌三联活菌胶囊联合阿托伐他汀钙片通过升高载脂蛋白Apo AI水平和降低载脂蛋白Apo B、Apo E水平，治疗高脂血症患者的降脂疗效明显，具有良好的调脂作用。以上发现均表明，益生菌和降脂药物联用可以有效地降低血脂，改善肠道菌群失调的问题。

六、益生菌对肝脏相关疾病的预防和治疗作用

当人体内的肠道内环境发生变化，致使肠道内环境失衡，可导致肝脏的网状内皮细胞功能遭到一定程度的破坏，进一步使患者的免疫系统遭到破坏，最终可能发展到肝脏的纤维化及肝硬化。肝硬化患者存在明显的肠道菌群紊乱，且肠道微生态失衡程度与肝病严重程度相关。目前治疗肝脏类疾病主要使用化学药物，这类药物虽见效快但不良反应也很多。益生菌可通过与肠道有害菌竞争，抑制有害菌生长，减少细菌易位，减少有损肝脏物质的产生，同时益生菌通过产生一些对肠道有益的物质，修复黏膜屏障，减少氨吸附，提高肠上皮细胞的存活力等联合机制对肝脏产生保护作用。使用益生菌制剂能够降低肝硬化患者血氨水平，使内毒素水平降低，从而改善肝功能。益生菌制剂作为一种新兴药物，近年来，国内外对益生菌应用于肝脏疾病治疗、辅助治疗各类慢性肝脏疾病等的研究取得了阶段性的成果，主要涉及酒精性肝病、非酒精性脂肪性肝病、脂肪肝、肝炎、肝硬化、慢性肝衰竭、肝移植术后感染等方面。

1. 益生菌对酒精性肝损害的改善作用

长期过量饮酒可导致肝功能异常，而肝肠循环使肠道微生态紊乱及肠道屏障功能破坏成为酒精性肝损伤的重要发病机制之一。酒精性肝硬化患者服用干酪乳杆菌代田株YIT 9029（*L. casei* strain Shirota YIT

9029）治疗，有助于患者肝功能的恢复，其主要表现在血清中甲状腺运载蛋白的水平明显升高，超敏C-反应蛋白的水平显著降低，说明益生菌通过改善肠道菌群结构，促进肝脏特异性蛋白质的合成。对酒精性脂肪肝炎患者服用二甲双胍联合益生菌，结果表明血清中丙氨酸转氨酶活性、天冬氨酸转氨酶活性和酒精性脂肪肝炎超声分级等级均显著降低，说明两者联合使用比单独使用二甲双胍更适用于酒精性脂肪肝炎患者。

2. 双歧杆菌三联活菌胶囊治疗非酒精性脂肪性肝病

非酒精性脂肪肝是指无过量饮酒史、以弥漫性肝细胞大泡性脂肪病变为主要特征的临床病理综合征。非酒精性脂肪肝已经成为威胁人类健康的重要疾病，全世界人群中发病率高达20%，非酒精性脂肪肝中10%～15%的肝炎可发展成肝硬化，隐源性肝硬化相当一部分就是从此而来。全世界脂肪肝发病率都在上升，而且发病年龄越来越小，防治脂肪肝的形势严峻。肠道菌群的改变可促进肝脏慢性炎症的产生，诱导胰岛素产生抵抗反应，进而导致非酒精性脂肪肝的发生，其是一种与胰岛素抵抗和遗传易感密切相关的代谢应激性肝脏损伤。非酒精性脂肪性肝纤维化可引发肝硬化及并发症，有向终末期肝病发展的风险。治疗非酒精性脂肪肝常用的药物有维生素E及吡格列酮等，但长期高剂量应用维生素E可能会增加前列腺癌风险，而吡格列酮治疗后复发风险较高。肝脏与肠道在结构和功能上联系广泛，肠道菌群的改变可影响宿主的免疫应答及炎症反应。非酒精性脂肪肝患者肠道菌群失调可致内毒素水平升高，诱导炎症细胞因子产生，加重炎症反应和病程进展。因此，促进肠道内益生菌生长，改善肠道菌群平衡，可有助于治疗非酒精性脂肪肝。双歧杆菌三联活菌胶囊主要成分为人体本身具有的益生菌，与维生素E及吡格列酮等相比可在一定程度上减少药物不良反应，治疗后血清中内毒素水平显著降低，说明患者肠道菌群死亡或破坏减少，肠道菌群失调得到改善。通过降低内毒素水平，减轻炎症反应，改善肝功能，达到了治疗非酒精性脂肪肝的目的，值得临床推广。国产培菲康含长双歧杆菌、嗜乳酸杆菌和粪肠球菌，用于非酒精性脂肪肝治疗取得满意效果。有报道表明，服用该产品840 mg/次，每日2次，3个月后，患者谷丙转氨酶（ALT）、γ-谷氨酰转肽酶（GGT）、二胺氧化酶（DAO）及内毒素水平与对照组及治疗前相比均有显著下降，超声肝脏脂肪定量也明显减少，且未发生不良反应。

3. 益生菌在肝硬化患者中的临床应用

肝硬化患者由于肝功能严重损伤，加上免疫功能低下和门体分流等因素，常可发生高氨血症和内毒素血症等，这与肠道有害菌如肠杆菌科细菌过度生长有关。内毒素血症可进一步损害肝功能，高氨血症又可引发肝性脑病等危及生命的并发症。肝硬化患者补充益生菌制剂可改善肠道菌群结构、抑制肠内产胺的腐败菌的生长繁殖、抑制肠杆菌科细菌过度生长、减少内毒素产生、降低肠内酸度、改善肠道屏障功能，从而减少肠道内毒素易位、降低血液中内毒素水平。此外，益生菌还可通过产生酸性代谢产物，酸化肠道、降低肠道pH、减少氨吸收、降低血氨水平。

服用双歧杆菌对治疗肝硬化病人的内毒素血症有较好的疗效。双歧杆菌主要通过吸收肠内含氮有害物质，降低肠内酸度，来达到降低血氨以保护肝脏的功能。此外，双歧杆菌可抑制产氨的腐败菌，以减少内毒素来源和对肝脏的损害。双歧杆菌还对静脉肝内门体分流术后肝性脑病有良好的防治作用。使用酪酸梭菌、双歧杆菌二联活菌等益生菌，可抑制蛋白分解菌的生长，使结肠内酸化并且氨的产生和吸收减少，从而达到治疗肝性脑病的目的。应用双歧杆菌四联活菌片（主要组成成分为：婴儿双歧杆菌、嗜酸乳杆菌、粪肠球菌、蜡样芽孢杆菌）能够改善肝硬化患者肠道黏膜屏障功能，降低炎症因子水平，有效治疗肝硬化高血氨。

七、益生菌在各类感染治疗中发挥的作用

1. 益生菌与皮肤细菌感染

皮肤是人体最大的器官，皮肤微生物群落占领了皮肤不同的环境，其中大多数菌群是无害的甚至是有益的。皮肤上的微生物基本上分为病原体、潜在的病原体或无害的共生有机体。研究发现，皮肤微生物可以直接对宿主有益并且很少具有致病性，皮肤屏障和先天免疫的平衡能更有效地维持皮肤的健康，这种平衡一旦紊乱，会使宿主倾向于多种皮肤感染和炎症症状。痤疮丙酸杆菌（*P. acnes*）存在于每个人的皮肤中，是一种常见的益生菌，约占皮肤菌群数量的一半。*P. acnes*进入真皮后，深层脓肿中的厌氧环境可以使其通过皮肤自然产生的碳源进行发酵。人体利用*P. acnes*发酵来防止金黄色葡萄球菌进入血液，系统性地降低了金黄色葡萄球菌感染的风险。在人体的皮肤微生物菌群中，共生微生物相互之间有一定的比例和平衡。当其中一种微生物过度生长时，其他的微生物就会通过某些机制来抑制其过度生长，调节菌群平衡，维护人体健康。*P. acnes*是一种对人体有益的共生皮肤细菌，但当其过度生长就会造成寻常性痤疮，这个时候表皮葡萄球菌会通过调节甘油的发酵来加强对*P. acnes*的抑制生长作用。从这个角度看，表皮葡萄球菌对维护皮肤健康起到了一定的作用，它与一般的病原体相比存在不一样的特性。研究显示，表皮葡萄球菌也可以产生自己的抗菌肽，抑制致病菌，抗菌肽是抵制生物入侵的先天性免疫的第一道防线。

含有活性益生菌的酸奶改善人体健康的作用机制是细菌干扰，即细菌疗法。细菌疗法是指用共生细菌来防止病原体对宿主的定植，目前已经被证实可以预防和治疗感染。通过体外重建人类的表皮模型发现，益生菌NCC533能有效地抑制金黄色葡萄球菌对皮肤的黏附，并且其还能促进皮肤的先天发育。对过敏性皮炎患者进行研究，服用益生菌的患者病情明显缓解，测定其血液后发现细菌脂多糖含量低，而免疫细胞数量

高，细菌脂多糖的含量降低证明益生菌降低了黏膜对细菌的通透性。

2. 益生菌与阴道细菌感染

益生菌是女性阴道微生物菌群中的优势菌群，通过调节阴道内其他菌群的结构和比例，来发挥其抗菌活性。目前，益生菌栓剂已经用来治疗和防御女性阴道炎，其发挥作用的机制主要是通过恢复阴道内的共生菌群，来改善阴道内环境。细菌性阴道炎是由厌氧菌引起的常见又复杂的感染性疾病，它们在阴道内快速生长，取代乳酸杆菌成为阴道内的优势菌群，提高阴道内的pH，使阴道内环境呈碱性。另外，这些厌氧菌能快速地形成生物膜，对抗生素产生耐药性。当细菌性阴道炎生物膜危及新生儿的健康时，乳酸杆菌有能力破坏和清除这些生物膜，这就增加了利用乳酸杆菌在女性怀孕期间或月经周期中保护正常阴道菌群的可能性。但是由于益生菌本身抗菌能力有限，并不能完全替代抗生素，可作为抗生素的补充，以弥补抗生素的副作用，发挥更好的联用效果。益生菌目前更多的是用于细菌性阴道炎的预防和复发。有阴道霉菌感染史的女病人每人每日口服150 mL含大量益生菌的酸牛奶，结果阴道感染发生率大大降低，这是因为酸牛奶中的嗜酸乳杆菌可抑制阴道内白色念珠菌的繁殖。女性阴道疾病适用的常用益生菌菌株是卷曲乳杆菌，乳杆菌会消耗碳水化合物生成乳酸，抑制其他病原菌的繁殖，保障阴道的健康。

3. 益生菌与真菌感染

真菌感染按感染部位可分为浅部真菌病和深部真菌病。浅部真菌病是指侵犯皮肤、毛发和甲等角化组织引起的癣症，因此又称为癣菌病。深部真菌病是指真菌侵犯皮下组织、黏膜和内脏器官的真菌感染。目前，全世界有20%～25%的人患有皮肤真菌病。传统的抗真菌治疗药物包括：多烯烃类、唑类、烯丙胺类、棘白菌素类等。这些口服类抗真菌药物可能产生严重的肝毒性或其他副作用。

服用益生菌可以抑制真菌感染，而且对抑制霉菌感染及增加人体免疫力也大有作用，并可以长期服用。益生菌可以对浅部真菌进行抑制，益生菌所产生的有机酸会降低周围环境的pH，从而对断发毛癣菌有明显的抑制作用，培养益生菌产生的无细胞上清液就能够延迟断发毛癣菌分生孢子的萌发和菌丝体生长。益生菌也可以对深部真菌进行抑制，口腔假体上的生物膜利于酵母菌的生长，而每天食用乳酸菌乳酪或含片可显著减少老年人唾液和生物膜中的酵母菌数量，从而减轻口腔负担，可在预防戴义齿的口腔酵母菌感染方面发挥重要作用。益生菌用于治疗酵母菌阴道炎的研究表明，与单独使用抗真菌药物相比，标准抗真菌疗法（氟康唑）联合应用益生菌药物能更有效地减少假丝酵母菌性阴道炎症状，包括阴道分泌物多、外阴瘙痒、外阴和阴道红斑及排尿困难。在无抗真菌药物的情况下，局部使用一种缓释益生菌产品，也可观察到临床症状的改善。一些临床试验也显示出益生菌可减少假丝酵母菌在口腔、阴道和肠道的定植，减轻临床症状以及在某些情况下减少危重患者真菌感染，并提高常规治疗的抗真菌作用。此外，益生菌对曲霉菌、青霉菌和镰刀菌也有抑制作用。综上所述，益生菌有维持机体健康微生态的作用，可以应用于预防和辅助治疗真菌病。

益生菌作为人体的有益菌群，从其产物中分离出几种低相对分子质量的化合物，主要成分是有机酸，它们能够单独或协同地阻止或消除真菌的生长或孢子的外生。此外，益生菌的细胞成分和代谢产物在室温下比活细胞更稳定，因此更适合于局部应用，合理利用益生菌成为对抗真菌病安全、有效的途径之一。

八、益生菌对其他疾病的预防与治疗作用

益生菌对其他某些疾病也具有预防和治疗作用。在新生儿坏死性肠炎、肾结石、重症急性胰腺炎等方面都有很大的研究进展。给新生儿重症监护住院治疗的婴儿口服益生菌制剂（*L. acidophilus*，*B. infantis*），结果显示新生儿坏死性肠炎的发病率和死亡率均明显下降，表明益生

菌可安全、有效地治疗该种疾病。产甲酸草酸杆菌（*O. formigenes*）以草酸作为唯一碳源，在人体肠道内定植，可以降解体内草酸。草酸钙结石是最常见的肾结石类型，约占肾结石类型的70%～80%，给予肾结石患者口服枸橼酸钾镁和产甲酸草酸杆菌治疗，结果发现产甲酸草酸杆菌降低高草酸尿症的效果更加显著，高草酸尿症的发生率由82.5%降至15.0%。给予肾结石患者冻干乳酸菌（*L. acidophilus*，*L. plantarum*，*L. brevis*，*S. thermophilus*，*B. infantis*）治疗一个月后，患者草酸盐排泄量大幅度减少，说明益生菌对肾结石治疗具有较高的应用价值。肠道菌群失调是重症急性胰腺炎后期发生感染的主要原因。对该病患者分别进行肠内营养治疗、肠外营养治疗和益生菌联合肠内营养治疗，对比研究表明，益生菌联合肠内营养治疗能显著降低血浆中促炎因子、肿瘤坏死因子α、白细胞介素-6和内毒素水平，升高血浆中抗炎因子白细胞介素-10的水平，更益于重症急性胰腺炎的临床治疗。

蜡样芽孢杆菌活菌片与氯丙嗪协同使用治疗精神分裂症，研究发现，蜡样芽孢杆菌的活菌制剂可治疗或协同治疗精神分裂症，提高其疗效，缓解不良反应。服用蜡样芽孢杆菌的活菌制剂加氯丙嗪，有效率70%，显效率30%，而只使用氯丙嗪的治疗引起的不良反应症状要多于活菌配合治疗组，特别是锥体外系反应以及失眠明显。因此，蜡样芽孢杆菌的活菌制剂协同氯丙嗪治疗精神分裂症疗效更佳，且安全性较高，并可明显减少抗精神药物的用量及不良反应发生率。

虽然益生菌为上述疾病的治疗提供了新方向，但目前益生菌的使用仍存在一定的局限性：制剂化及人体胃肠道消化等过程会降低活菌数量；菌株在肠道中的定植能力还需提高；益生菌的剂量、试验周期和评价指标等尚缺乏统一标准；治疗效果相对有限且连续性较差，临时改善的菌群结构多随着给药过程的结束而恢复原状；受环境、饮食等因素的影响，益生菌具有本土化特征。因此，需要进一步筛选性能优良的益生菌菌株，强化其益生性能，完善临床应用的证据，推进益生菌的基础研究和产业升级。在未来的研究中需要重点分析由试验所带来的肠道微生物的改变。临床试验的影响因素之一是饮食的影响，对饮食的检测一直是研究的限制因素。不同的饮食如高脂肪、高胆固醇、高蛋白等，都可以改变肠道微生物。这些差异会影响细菌的生长，所以研究中产生的结果的差异可能是由所补充的益生菌导致的，也可能是饮食导致的，或者两者皆有。目前，有的试验通过测定粪便中的微生物，来评估肠道微生物的改变，以提高试验的可信性。益生菌在临床应用中感染是最常见的不良反应，即便菌血症的发生率只有百万分之一。这是由于一些使用抗生素的患者在接受益生菌治疗时，抗生素改变了肠道菌群结构，使得益生菌在肠道内过度繁殖。在临床治疗应用益生菌所发生的感染者中，大部分是免疫受损的患者。一些重症疾病、中心静脉置管及肠上皮屏障受损等都是益生菌引起感染的危险因素。益生菌在治疗腹泻、肥胖、肝脏等疾病中具有显著功效，已得到了很多临床试验的数据支持，虽然目前治疗某些疾病的数据并不完善，但随着技术的进步和研究的深入，应用益生菌将有望解决一些当前无法破解的医学难题。为更好地让益生菌在疾病治疗中发挥作用，需要进一步筛选性能优良的益生菌菌株，用基因工程等手段强化其益生性能，完善临床应用，推进益生菌的基础研究和产业升级。

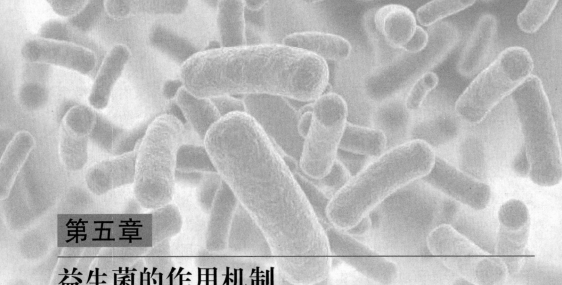

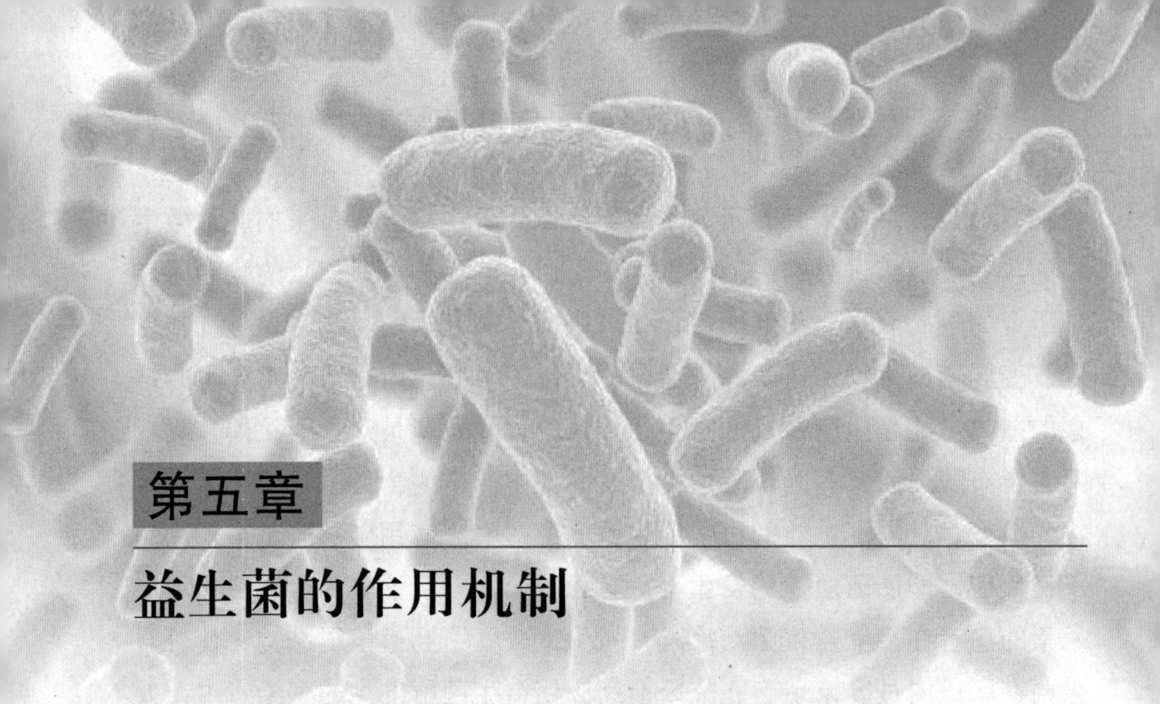

第五章
益生菌的作用机制

　　益生菌及其制品因其医疗效果、保健效果、经济效果、社会效益和生态效益已被越来越多的消费者所接受，然而益生菌对机体免疫功能及相关疾病的作用机制仍需进一步探究。经过多年科学研究和临床证实，其中某些菌株的特定配合可以缓解一些健康问题，有许多令人惊奇的功效，如特定菌株对肠道综合征、过敏、呼吸道感染等有着特定的预防和缓解的功效。值得注意的是，不是一种菌株有效，其他任何同类菌株产品也有同样的功效，因此研究益生菌的作用机制就十分重要。澳大利亚科学家巴里·马歇尔和罗宾·沃伦因发现了幽门螺杆菌以及它们在胃炎和胃溃疡中的作用而获得了2005年诺贝尔生理学或医学奖。

　　益生菌的作用原理很复杂，目前尚未完全明了，普遍公认的机制是益生菌附着在肠黏膜表面，阻断病原体的结合位点和上调肠道内的抗菌物质来减少病原体附着和入侵肠黏膜。益生菌主要通过产酸、产酶、产抑菌物质、产多种免疫促进因子等促进消化吸收，抑制有害菌生长，提高免疫功能从而促进动物健康。此外，益生菌可修复肠上皮细胞功能，以及通过抑制细胞因子和核因子来增强免疫功能。肠组织是诱导产生调节性T细胞（一类控制体内自身免疫反应性的T细胞亚群）的主要器官，益生菌能促进调节性T细胞分泌免疫细胞因子。益生菌在肠淋巴滤泡的调节性T细胞的诱导中发挥着重要作用，从而影响T细胞介导的免疫稳态。因此，益生菌具有免疫调节、形成肠黏膜上皮屏障功能和刺激肠道细胞增殖等多种生理作用。

一、竞争营养物质，抑制有害菌生长

益生菌会与寄生在人体内的病原菌竞争吸收营养物质，从而限制和抑制有害菌的生长和繁殖，益生菌在营养物质有限的情况下，通过其优势生长竞争性地消耗致病菌的营养素，抑制有害菌进入血液循环系统危害人体的健康。如在海洋生物中益生菌和其他细菌竞争铁等营养物质，使病原菌得不到足够的营养物质而被抑制生长。

二、竞争黏附位置，抑制病原菌生长

益生菌可占据宿主消化道的定植位点，从而降低其他微生物（病原）的侵染机会。益生菌的主要黏附位置是人体肠道或阴道的上皮细胞，而这些上皮细胞也是大多数病原微生物的黏附位置，如嗜热链球菌J34能够与病原体相互竞争肠道上皮细胞。益生菌与病原菌相互竞争黏附位置，抑制病原菌的生长，这种作用机制通常被称为殖民抵抗。益生菌可以通过表面一些特异性的成分与消化道黏膜黏附在一起，排斥致病菌对正常细胞的黏附与侵袭。益生菌通过对病原菌"占位"的竞争性抑制作用能有效地抵抗病原菌的侵袭，抑制病原菌的生长，保护人体免疫系统，提高人体免疫力，这使得一些益生菌发酵产物的抗菌能力有时要优于抗生素。

1. 乳酸菌能与致病菌竞争性争夺黏附位

乳酸菌对嗜水气单胞菌、温和气单胞菌、维氏气单胞菌及豚鼠气单胞菌等多种菌均有明显的抑制作用。乳酸菌还能与肠细胞表面的受体结合，刺激髓样分化因子的信号传导过程，其分泌的蛋白能抑制大肠杆菌的定植。此外，乳酸杆菌可通过诱导黏液素分泌来增强上皮细胞的屏障功能，植物乳杆菌299V和鼠李糖乳杆菌可以促进肠上皮细胞分泌黏蛋白来抑制病原微生物在肠黏膜的黏附。

2. 双歧杆菌抑制致病菌对肠上皮细胞的黏附、定植

双歧杆菌等某些乳杆菌代谢物产生的胞外多糖，竞争性抑制肠道内致病菌对肠上皮细胞的黏附、定植，并能通过调节细胞信号等途径来保护肠道屏障，由此减少有毒物质进入血液而引起各种疾病。

三、直接分泌抗菌物质，改善微环境

益生菌可以产生具有抗菌能力的物质，这些物质直接抑制病原菌的生长，抑制有害菌的生长，抑制有害菌产生毒素，并清除有害菌产生的毒素，可用于预防和治疗某些疾病、抵抗细菌病毒感染、提升免疫功能等方面。益生菌产生的抗菌物质包括：短链脂肪酸，氧分解代谢物过氧化氢，有抗菌能力的蛋白质、多肽（细菌素），抗菌素，脂肪和氨基酸的代谢产物等。如益生菌植物乳杆菌P-8可增加肠道内的有益菌数量，同时还提高了短链脂肪酸、分泌型免疫球蛋白A（SIgA，机体重要的免疫物质之一）的分泌量，刺激宿主免疫系统，增强宿主肠道内的免疫屏障作用，保护机体免受致病菌的侵袭。

1. 产生短链脂肪酸和有机酸

益生菌能分解糖代谢物、乳糖、葡萄糖等，产生乳酸、醋酸、丁酸等有机酸，有机酸一类主要抑制革兰氏阴性菌。这些有机酸的产生可改善肠道内碱性环境，不仅可以促进大肠的蠕动，还可以降低肠道内的pH，营造一个酸性的人体微环境。益生菌产生的短链脂肪酸等物质降低大肠内的酸碱度，改善肠道微环境，抵御病原菌的侵袭。益生菌较致病菌更耐酸，酸性的微环境抑制致病菌的生长增殖，抵抗细菌、病毒的感染，同时更适宜乳酸菌等益生菌的生长定植。益生菌产生的短链脂肪酸等可对抗细菌产生的有毒物质，用来抑制因抗生素滥用所产生的超级细菌的生长繁殖。

短链脂肪酸是未经消化的碳水化合物通过细菌发酵而形成的，是肠道上皮的重要营养物质和生长信号，在结直肠癌的预防中扮演着重要的角色。在正常结直肠细胞中，短链脂肪酸的产物丁酸盐能预防细胞凋亡和黏膜萎缩。而在结直肠癌细胞中，丁酸盐可刺激分化、抑制细胞增殖、诱导凋亡及抑制肿瘤血管生成，从而发挥预防和治疗结直肠癌的作用。

2. 产生具有抗菌能力的物质

益生菌产生的氧分解代谢物过氧化氢有明显的抑菌效果，如保加利亚乳杆菌、嗜酸乳杆菌和乳酸杆菌都会产生过氧化氢；益生菌能产生具有抗菌能力的蛋白质类化合物、低分子团肽、抗真菌蛋白；益生菌还能产生具有抗菌能力的脂肪和氨基酸的代谢产物，如脂肪酸、苯基乳酸等。

3. 分泌能抑制病原菌的细菌素

益生菌可分泌能抑制病原菌的细菌素，如双歧杆菌素、嗜酸乳杆菌素和乳酸链球菌素等，对多种破坏肠道功能的革兰氏阳性菌，包括葡萄球菌、链球菌、微球菌、分枝杆菌、李斯特氏菌和乳杆菌均有抑制作用。乳酸杆菌和链球菌产生的细菌素，其中许多是多肽类细菌素，如乳酸链球菌肽。抗菌肽或蛋白主要抑制革兰氏阳性菌。体外试验证明，某些乳酸菌产生的细菌素可抑制沙门菌、志贺杆菌、葡萄球菌、变形杆菌、绿脓杆菌和大肠杆菌的生长；乳酸菌细菌素对寄生虫和革兰氏阴性菌具有选择性抑制作用。益生菌在肠道中能够产生氨基氧化酶、氨基转移酶或分解硫化物等有害物质的酶，从而减少肠道中游离的氨（胺）及吲哚等有害物质。例如，芽孢杆菌可产生低蛋白酶的细菌素、革兰氏阳性菌敏感的抗生素、细菌素样抑制分子等抗菌物质。

四、改变菌群的结构，影响肠道菌群代谢

益生菌可以调节人体肠道或阴道菌群的结构，改变人体特定部位的微环境，使致病菌难以生存。益生菌对肠道菌群的影响可以分为直接影响和间接影响。直接影响是指某些益生菌的摄入可以直接改变肠道内固有菌群的结构；间接影响是指益生菌的摄入可能影响某些肠道菌群的代谢，进而改变肠道中短链脂肪酸和总胆汁酸的含量、细菌酶活性以及矿物质离子的吸收。益生菌对肠道的影响能有效地抵抗病原菌的侵袭，保护人体免疫系统。

五、调节免疫、提升免疫功能

益生菌可以通过提高免疫力来抑制病原菌的增殖。益生菌具有治疗与免疫应答相关疾病的潜力，如过敏、湿疹、病毒感染等。根据益生菌的基因组和蛋白质组研究发现，从益生菌中提取的几种特定基因化合物介导了免疫调节作用，对益生菌调节宿主的免疫反应机制有了更深入的了解。

益生菌或其代谢物可与不同的免疫细胞相互作用并赋予它们免疫调

节功能。益生菌直接介导细菌与肠上皮细胞的相互作用，作用于M细胞[①]与树突状细胞[②]、毛囊相关上皮细胞的相互作用，引发巨噬细胞[③]、T淋巴细胞[④]和B淋巴细胞[⑤]介导的免疫反应，调控宿主细胞中的基因表达和信号通路。肠道具有益生菌的抗原识别位点，在淋巴结上发挥免疫佐剂作用，活化肠道黏膜内的相关淋巴组织诱导T、B淋巴细胞和巨噬细胞产生细胞因子，通过淋巴细胞再循环而活化全身免疫系统，增强机体特异性和非特异性免疫功能。益生菌或其代谢物通过增强宿主的免疫功能，特别是激活巨噬细胞、NK细胞[⑥]和B淋巴细胞的功能，并促使这些细胞释放免疫活性物质如白介素[⑦]、干扰素[⑧]等细胞因子，从而发挥抑制肿瘤的作用。益生菌能有效提高干扰素和巨噬细胞的活性，并通过产生特异性免疫调节因子来激发机体免疫功能，增强机体免疫力。目前认为，免疫系统对肠道菌群的免疫耐受可能是由细菌、肠上皮细胞和免疫细胞之间的"交叉对话"所致。其中最重要的一点是，益生菌能够在不引起炎症反应的情况下调节免疫系统，行使免疫功能。益生菌在维持必要防御机制和过度防御机制包括先天性和适应性免疫反应之间的平衡方面发挥着重要的作用。

肠道益生菌群存在时，能够限制促炎症的辅助性T细胞Th1（主要作

① M细胞与肠上皮细胞紧密排列在一起，形成上皮屏障，其主要功能是摄取并转运抗原（尤其是颗粒性抗原）至其下的免疫细胞。

② 树突状细胞是目前所知的功能最强的抗原提呈细胞，也是一种神经细胞，因其成熟时伸出许多树突样或伪足样突起而得名。

③ 巨噬细胞的主要功能是以固定细胞或游离细胞的形式对细胞残片及病原体进行吞噬以及消化，并激活淋巴球或其他免疫细胞，令其对病原体作出反应。

④ T淋巴细胞简称T细胞，来源于骨髓的多能干细胞，在人体胚胎期和初生期，在胸腺激素的诱导下分化成熟，具有免疫活性。

⑤ B淋巴细胞简称B细胞，主要定居于淋巴小结内。B细胞在抗原刺激下可分化为浆细胞，浆细胞可合成和分泌免疫球蛋白，主要执行机体的体液免疫。

⑥ NK细胞即自然杀伤细胞，是机体重要的免疫细胞。

⑦ 白介素，即白细胞介素，是指在白细胞或免疫细胞间相互作用的淋巴因子，它和造血细胞生长因子同属细胞因子。两者相互协调，相互作用，共同完成造血和免疫调节功能。

⑧ 干扰素，具有高度的种属特异性，是一类在同种细胞上具有广谱抗病毒活性的蛋白质，同时具有抑制细胞增殖、调节免疫及抗肿瘤的作用。

用为增强吞噬细胞介导的抗感染免疫）和Th17细胞（能够分泌白介素-17的T细胞亚群，在自身免疫性疾病和机体防御反应中具有重要的意义）扩增、促进Tregs细胞分化，从而抑制对肠道中食物和菌群抗原的炎症性应答。研究发现，源自肠道微生物菌群的色氨酸分解代谢物在免疫稳态、肠道屏障功能中发挥作用，可以用于患有炎症性肠病的个体开发新的治疗药物。此外，益生菌通过免疫排斥、免疫排除和免疫调节，促进肠黏膜免疫系统的发育、增强肠道屏障功能、促进免疫耐受的建立，而肠道中分布有大量淋巴细胞，免疫系统又与中枢神经系统密切相关，因而肠道菌群可通过血脑屏障来调节脑的活动和功能。鼠李糖乳杆菌可以促进T淋巴细胞的转化，预防或者缓解过敏性疾病和自身免疫性疾病，如过敏性大肠综合征和溃疡性结肠炎等。乳酸杆菌可刺激机体产生抗体和增强吞噬细胞的作用，从而加强小肠和其他组织对病原性物质的抵抗力。

六、直接吸收、共同沉淀

益生菌降低胆固醇、改善血脂可通过直接吸收和共同沉淀实现。益生菌细胞可以直接吸收胆固醇；益生菌的胆盐水解酶能使胆盐结合态转变为游离态，与胆固醇发生共同沉淀。菌体吸收和共同沉淀联合作用，会使胆固醇水平下降。

七、调控肠道自由基的水平

益生菌通过调控肠道自由基水平，既可发挥免疫调节作用，又可防止自由基对肠道产生氧化损伤。益生菌能够刺激肠道细胞产生活性氧自由基，参与调控肠道细胞内的氧化还原反应过程。同时，益生菌也能够利用其体内相关的酶系，清除肠道细胞产生的过量活性氧自由基，从而防止其对肠道的损伤。

总之，益生菌的作用机制可以概括为补充、平衡、营养、保护、抑菌、免疫几个要素。肠道补充益生菌、益生元后，益生菌通过增殖实现肠道菌群平衡，益生菌在肠黏膜上形成一层"膜菌群"，增强了体内屏障保护功能、抑制肠道有害菌的生长、阻止致病菌的侵入及繁殖、调节肠道菌群以及减少内毒素的来源；益生菌通过自身代谢发酵糖类，产生醋酸、丁酸、乳酸、过氧化氢、细菌素等多种抑菌物质，促进肠蠕动，合成多种维生素和生物酶激活吞噬细胞的吞噬活性，提高机体免疫能力。

八、益生菌改善肠道菌群紊乱以抑制肥胖的作用机制

尽管肥胖的主要原因在于能量摄入多于支出，但有研究发现肠道微生物的分布及结构等的差异可能成为未来肥胖，甚至相关代谢疾病的治疗目标或预测的生物标志物。现代医学认为，肥胖与宿主的基因、饮食习惯及肠道菌群的交互作用相关。肥胖及相关代谢疾病的个体肠道内都会有炎症反应相关的微生物，这些微生物产丁酸盐的潜力较低、菌群多样性小和基因丰度低。通过调节饮食、运动锻炼、调整情绪、口服药物、利用益生菌及外科减肥手术等都能改善机体肠道菌群紊乱的情况，进而起到一定的减肥作用。

1. 益生菌缓解肥胖炎症状态

细菌脂多糖参与了肥胖炎症的发生及发展，肥胖及胰岛素抵抗患者体内的脂多糖量比胰岛素敏感者多。肠道菌群改变，肠壁的完整性降低，使细菌脂多糖入血增加，会激活TLR4（能够激活与适应性免疫有关基因、探测细菌脂多糖存在的重要蛋白质分子）与系统性炎症应答，即可出现肥胖。肠道上皮作为一个连续的屏障，可以阻止细菌及毒素等侵入。动物试验研究发现，当细菌脂多糖水平下降时，小鼠肠道黏膜的屏障功能增强，但当双歧杆菌数量减少，使肥胖小鼠的肠道菌群改变时，肠道渗透性会增强，产生内毒素血症及低度炎症。此外，细菌鞭毛蛋白

可激活TLR5（可以识别鞭毛蛋白配体，具有鞭毛蛋白的L型细菌、铜绿假单胞菌、枯草芽孢杆菌和鼠伤寒沙门菌等可被TLR5识别）信号通路，产生炎症效应。缺少TLR5受体的小鼠食欲亢盛，出现肥胖及其他代谢综合征的症状。将这些小鼠肠道内细菌转移到正常无菌小鼠肠道内，瘦鼠也出现TLR5受体缺乏小鼠的症状。给予抗生素治疗后，肥胖等症状得到缓解。肠道菌群通过两种机制调节肠道通透性，即胰高血糖素样肽2（GLP-2，由大肠、小肠内分泌细胞分泌）及内源性大麻素（N-花生四烯酸氨基乙醇和2-花生四烯酸甘油）。其中内源性大麻素与肠道菌群介导的炎症相关。益生菌补充剂可以影响胰高血糖素样肽2信号、调节内源性大麻素的信号，从而调节肠道通透性及血浆中细菌脂多糖水平。另外，肠道细菌移位、游离脂肪酸增加、氧化应激和内质网应激等，均是肥胖个体长期处于低度炎症状态的原因，也是肥胖及代谢障碍疾病之间的重要纽带。

2. 短链脂肪酸介入了肥胖的发展

肥胖者的肠道菌群分解不易被宿主分解的复杂多糖、膳食纤维等的能力增强，从而使短链脂肪酸增多，多余的能量储存、堆积。由此，短链脂肪酸介入了肥胖的发展。在肥胖个体中，短链脂肪酸产物增多，其可与小肠L细胞细胞膜上的G蛋白偶联受体41（GPR41）结合，促进多肽PYY的合成，抑制胃排空和摄食行为；短链脂肪酸还可和G蛋白偶联受体43（GPR43）结合，刺激小肠L细胞分泌GLP-1。短链脂肪酸还可参与脂肪细胞的活动，通过激活GPR43，抑制脂类的分解，刺激脂肪组织分泌瘦素。短链脂肪酸可直接参与糖代谢，丁酸盐可通过cAMP依赖途径激活肠道的糖异生作用。研究发现，肥胖小鼠盲肠内的菌群发酵食物的能力增强，导致短链脂肪酸含量增加。给予体型正常的无菌小鼠移植肥胖小鼠的粪便后，无菌小鼠将出现肥胖的体征。若使小鼠肠道内菌群结构改变，产生的短链脂肪酸减少，宿主获得的能量也将减少而变瘦。发表在Nature杂志上的一项研究中，给予大鼠高脂饮食后，大鼠食欲增强、食物摄入增加、体重增加。结果推测乙酸生成的增加是肠道菌群导致的，乙酸会激活副交感神经系统增加饥饿激素，并且增加由葡萄糖刺激的胰岛素分泌。可见，短链脂肪酸不仅作为肠道菌群的能量来源，也可能是调节能量的一个信号分子，影响着肥胖的发生、发展。

3. 与肥胖呈正相关的胆汁酸代谢

肠道菌群调节着胆汁酸的代谢，与胆汁酸及次胆汁酸的合成相关。胆汁酸主要通过与细胞表面的胆汁酸受体（FXR）及巨噬细胞受体（TGR5）结合，激活宿主的代谢信号。FXR作为胆汁酸的受体，对宿主的脂肪代谢很重要。激活FXR后，基因转录调节胆汁酸合成、胆固醇生成及糖代谢等代谢通路。TGR5在胆汁酸预防肥胖及胰岛素抵抗的信号通路中起到重要作用。胆汁酸与甘氨酸结合后形成胆汁酸盐类。肠道菌群产生的胆盐水解酶，将胆汁酸盐类解离成胆汁酸以作为信号分子，激活维生素D、TGR5等受体及细胞信号通路，调节血糖水平及脂肪酸等的合成。胆汁酸盐能影响肠道菌群的结构，高脂饮食后胆汁酸盐增多，伴随着厚壁菌门与拟杆菌门比例增高，与肥胖呈正相关。

4. 肠道菌群调控禁食诱导脂肪细胞因子

禁食诱导脂肪细胞因子（FIAF）是一种循环脂蛋白脂肪酶抑制剂，可促进由微生物引发的脂肪细胞中甘油三酯的沉积。研究发现，在正常动物体内，肠道菌群调控可抑制脂肪细胞因子的表达，使得脂蛋白脂肪酶表达增多，导致脂质沉积减少；同时使脂蛋白激酶活性增加、加快脂肪酸氧化、减少肝糖原储存、调控下游脂肪代谢靶点、抑制甘油三酯循环，而这些脂肪代谢靶点的增多都与肠道菌群相关。

5. 促进5-羟色胺的合成而减肥

5-羟色胺（5-HT），又名血清素，主要由肠道黏膜上皮中的肠嗜铬细胞合成、分泌及释放，在大脑皮层质及神经突触内含量很高。5-羟色胺可通过控制食欲、减少食物的摄入、增加能量的消耗，以起到减轻体重的作用。5-羟色胺由色氨酸羟化酶1（Tph1）和色氨酸羟化酶2（Tph2）调控。色氨酸羟化酶1缺乏的小鼠喂以高脂饮食，也不会出现肥胖、胰岛素抵抗等。肥胖增加了外周5-羟色胺，因此，通过促进外周5-羟色胺的信号及其在脂肪组织中的合成，可促进棕色脂肪的产热，以达到有效减轻肥胖及代谢功能障碍的作用。肠道作为5-羟色胺重要的合成场所，寄居于肠道的微生物调节着结肠及血液中的5-羟色胺水平，对宿主的能量摄入进行控制。肠道中的固定细菌产生的微生物传递给肠道中的内分泌细胞，内分泌细胞增加了调节5-羟色胺的色氨酸羟化酶1，并促进5-羟色胺的合成。肠道菌群的紊乱，导致宿主5-羟色胺的合成障碍，机体的能量摄入增多，能量失衡，出现肥胖。

6. 调节导致肥胖的鞘脂代谢

鞘脂是细胞膜脂质双分子层的主要结构成分，广泛存在于真核细胞中，调控细胞重要生理功能。细胞内鞘脂代谢以神经酰胺为中心，即神经酰胺的产生和分解以及由神经酰胺合成复杂鞘脂。机体内游离脂肪酸增多能够促进鞘脂尤其是神经酰胺的合成，实验表明，神经酰胺可能是过度营养及炎症因子导致肥胖相关代谢性疾病的重要介导分子。脂肪代谢产物——神经酰胺的积累会影响脂肪组织的正常功能，出现肥胖的同时更易出现糖尿病倾向。动物试验证实，在敲除了饱和脂肪酸变成神经酰胺的关键基因后发现，神经酰胺水平的降低会减少糖尿病的风险。

7. 外科减肥手术后肠道菌群发生改变

外科减肥手术后肠道菌群结构也发生了改变，从厚壁菌门、拟杆菌门占主导地位，变为变形菌占显著优势，其丰度水平与炎症标志物呈负相关。当将这些肠道菌群移植到无菌小鼠中，代谢相关的指标明显改善。胃旁路手术诱导能量代谢及肠道菌群代谢物——甲苯酚硫酸盐、苯乙酸、胆碱降解物的改变。此外，外科减肥手术后胆汁酸也发生了改变，其可能通过改变GLP-1及成纤维细胞生长因子19（FGF-19）下调信号的传递达到减肥的目的。

九、益生菌缓解高血糖的作用机制

作为肥胖后期的一种常见并发症，Ⅱ型糖尿病（非胰岛素依赖型糖尿病）是胰岛素分泌相对不足引起的以血糖升高为特征的代谢病，常伴有高血压、血脂异常、冠心病、动脉粥样硬化等并发症，甚至导致死亡。益生菌对机体有血糖调控作用。当前研究认为，益生菌缓解高血糖的作用机理主要有以下几个方面：

1. 益生菌增强肠道黏膜屏障功能

肠道的生物屏障由肠道微生物与肠黏膜共同构成，有害菌群破坏肠道屏障，导致机体肠道通透性增加，肠道免疫功能下降，从而诱发糖尿病。摄入特定益生菌能有效抑制部分病原菌入侵和定植，调节肠道微生态系统，增强肠黏膜的屏障功能。研究表明，益生菌可通过多种方式如分泌有机酸降低pH、控制内毒素、黏附定植等作用于肠道菌群，直接或间接影响机体血糖代谢，缓解及改善糖尿病症状。益生菌还可增强肠屏障功能，减少微生物及其衍生物如细菌脂多糖的易位。脂多糖受体TLR4的激活诱导胰岛素抵抗和胰岛 β 细胞功能障碍。脂多糖抑制胰岛 β 细胞的胰岛素分泌和胰岛素基因表达。副干酪乳酸杆菌副干酪亚种NTU101干预可以提高双歧杆菌水平，改善肠道环境，保持肠道完整性并防止细菌脂多糖进入体循环，进而降低Ⅱ型糖尿病的风险。副干酪乳杆菌G15和干酪乳杆菌Q14在肠道中通过改变肠道微生物群，降低肠黏膜通透性和改善上皮屏障功能，降低了脂多糖和IL-1、IL-8等炎性细胞因子循环水平，从而减轻炎症状态和胰岛 β 细胞功能障碍。

2. 益生菌调节机体免疫功能缓解糖尿病症

胃肠道是人体最大的免疫器官，研究认为益生菌通过多种方式在胃肠道发挥免疫调节作用来缓解糖尿病，包括益生菌与胃肠上皮细胞表面的受体相结合，激活免疫防御级联机制，增强巨噬细胞活性，诱导免疫球蛋白和IL-10、IL-1等细胞因子的分泌，刺激细胞因子与胰腺 β 细胞表面的特异性受体相互作用,增加胰岛素敏感性。

3. 益生菌修复机体氧化损伤,提高抗氧化能力,降低空腹血糖水平

人体在高血糖和高游离脂肪酸的刺激下产生大量自由基,激活氧化应激信号通路,使机体发生胰岛素抵抗、胰岛素分泌受损和糖尿病血管病变。氧化损伤是糖尿病胰岛 β 细胞功能障碍的特征之一,如果不加干预,会使糖尿病病情恶化。国内外研究证实,机体氧化损伤和抗氧化能力在糖尿病发病机制中起着重要作用,人们可以通过膳食补充酚类物质等方式平衡机体内的活性氧增加。益生菌通过产生抗氧化活性物质如超氧化物歧化酶(SOD)和还原型辅酶Ⅰ(NADH)等来清除过氧化氢和DPPH(一种很稳定的氮中心的自由基),增强机体的抗氧化能力。此外,肠道细菌如双歧杆菌属以及体外摄入益生菌也可改善Ⅱ型糖尿病患者的葡萄糖耐量和总抗氧化状态。不同的乳酸菌显示出不同的抗氧化活性,临床试验中比较常见的有嗜酸乳杆菌、鼠李糖乳杆菌、干酪乳杆菌、保加利亚乳杆菌、植物乳杆菌。在糖尿病背景下,动物试验和临床研究表明,益生菌的摄入可以减少氧化应激,具有缓解糖尿病的作用。根据体外抗氧化方法的检测结果,摄入含益生菌嗜酸乳杆菌La5和乳酸双歧杆菌Bb12酸奶的患者空腹血糖和糖化血红蛋白显著降低,红细胞超氧化物歧化酶、谷胱甘肽过氧化物酶的活性和总抗氧化状态显著提升。目前益生菌及其饮品对血糖控制作用的确切机制可以部分地解释为抑制抗坏血酸自动氧化、金属离子螯合降低超氧阴离子和过氧化氢的活性并促进其排泄。

4. 益生菌促进胰岛素分泌,增强胰岛素敏感性

Ⅱ型糖尿病患者常表现为胰岛 β 细胞分泌缺乏和胰岛素抵抗。长期血糖水平过高导致胰岛 β 细胞过度分泌胰岛素,细胞功能受损,进而胰岛素分泌不足。减轻胰岛素抵抗、保护并修复胰岛 β 细胞的功能是Ⅱ型糖尿病治疗的关键。益生菌可通过调节肠道菌群,降低循环中的内毒素的浓度,提高胰岛敏感性,改善胰岛素抵抗,进而达到防治Ⅱ型糖尿病

的目的。

5. 益生菌抑制或推迟肠道对葡萄糖的吸收

益生菌可调节机体相关酶活性，调控体内葡萄糖代谢相关产物的分解与合成，促进肝糖原合成或抑制其分解，调节肠道对葡萄糖的吸收。此外，益生菌能提高肠道益生菌如β-半乳糖苷酶、α-葡萄糖苷酶和乳糖酶等的酶活性，促进糖类分解，有助于促进机体组织对糖的摄取和利用，对血糖调节起积极作用。

6. 益生菌调节糖代谢相关的神经活性

研究表明，约氏乳杆菌La1可显著降低高血糖小鼠的血糖水平和胰高血糖素水平，其可能的作用机制是通过改变自主神经活性、刺激胃迷走神经活性、抑制肾上腺交感神经活性等方式来减少肾上腺素的分泌，从而降低血糖水平。

7. 肠道菌群通过改变炎症因子影响糖尿病的发展

Ⅱ型糖尿病是一种慢性全身性低度炎症。Ⅱ型糖尿病患者体内的一些炎症介质如急性期蛋白、细胞因子和内皮激活标记物的水平升高。许多代谢相关疾病，如Ⅱ型糖尿病、肥胖、心脑血管疾病等与低度慢性炎症密切相关。Ⅱ型糖尿病和血脂异常患者脂多糖含量高于正常人。在正常情况下，人体肠道菌群处于动态平衡状态，革兰氏阴性菌与阳性菌友好相处。一旦肠道菌群失调，革兰氏阴性菌比例增加，脂多糖增多，其通过肠道合成的乳糜颗粒吸收入血，激活信号通路，增加促炎细胞因子如肿瘤坏死因子、白细胞介素-1、白细胞介素-6、白细胞介素-12等的释放，引发机体局部或全身一系列非特异性炎症反应，从而干扰胰岛素信号转导，引起胰岛素抵抗，导致高胰岛素血症，同时引发胰岛细胞慢性低水平炎症反应和代谢性内毒素血症，导致胰岛β细胞的破坏和凋亡，引发Ⅱ型糖尿病。

8. 肠道菌群通过短链脂肪酸影响糖尿病的发展

肠道菌群主要是结肠中的微生物可以降解人体不能消化分解的碳水

化合物，包括大分子植物多糖、部分寡糖和上皮细胞产生的内生黏液，产生碳原子数少于或等于6的短链脂肪酸。短链脂肪酸在调节肠道菌群、维持体液平衡、抑制肠道炎性因子形成、促进肠道黏膜修复等方面发挥着重要的作用。作为备受关注的丁酸，它是结肠上皮细胞的能量来源，结肠上皮细胞获得的60%～70%的能量来自丁酸。此外，它还可以通过与G蛋白偶联受体结合诱导肠道内分泌细胞合成分泌GLP-1和胃肠多肽YY，抑制胃液分泌和胃肠蠕动，延缓胃排空，同时作用于下丘脑等中枢神经系统，使人体产生饱胀感且食欲下降。丙酸和乙酸主要被肝细胞吸收，用于糖原和脂肪的合成。乙酸可通过与GPR43结合而增加GLP-1，从而促进胰岛素分泌。丙酸可通过GPR41调节糖异生，影响人体的糖代谢。

9. 肠道菌群通过影响胆汁酸代谢来影响糖尿病的发展

人体内胆汁酸调节是一个非常复杂的过程，需要肝脏、肠道及肠道菌群的共同完成。肠道菌群参与胆汁酸的正常代谢、合成和再吸收。此外，胆汁酸与次级胆汁酸作为有效的信号分子参与机体的许多代谢途径。目前的研究发现，胆汁酸代谢与肥胖、糖尿病、非酒精性脂肪性肝病等疾病的发生和发展密切相关。胆汁酸可通过法尼酯衍生物X受体（FXR，参与调节胆汁酸、脂类代谢以及糖代谢）和G蛋白偶联受体5（TGR5，参与能量稳态、胆汁酸平衡以及葡萄糖代谢）这两种途径在葡萄糖代谢中发挥作用。胆汁酸与胰岛 β 细胞中的FXR结合并调节胰岛素的转录和分泌；胆汁酸也可以与小肠某些细胞的FXR结合，激活人成纤维细胞生长因子（FGF15/19），提高葡萄糖耐量并增加胰岛素敏感性。此外，FGF19（具有促进能量消耗、减少脂肪、提高脂肪和葡萄糖平衡的作用）能够抑制cAMP的磷酸化从而减少肝糖异生。胆汁酸对糖代谢的调节也可以通过TGR5介导来实现。胆汁酸可以激活小肠细胞表面的TGR5，促使肠内分泌细胞分泌GLP-1，进而增加胰岛素的合成与分泌，调节糖代谢稳态；胆汁酸还可以直接激活胰岛细胞上的TGR5并促进胰岛素的分泌。

10. 减肥降糖药使肠道菌群发生明显改变

二甲双胍可显著改善肥胖、血糖紊乱。使用二甲双胍治疗后，Ⅱ型糖尿病（T2DM）患者的肠道菌群发生明显改变，青春双歧杆菌和普氏粪杆菌的丰度升高，短链脂肪酸的丰度升高，丁酸盐及丙酸盐产量增加。将这些患者的粪菌移植给小鼠后，小鼠的葡萄糖耐受性得到显著改善。实验表明，Ⅱ型糖尿病患者补充益生菌制剂6周后，空腹血糖值、糖化血红蛋白、胆固醇、炎性细胞因子水平均显著降低，胰岛素敏感性增加，红细胞超氧化物歧化酶以及谷胱甘肽过氧化物酶的活性和总抗氧化状态增加。除了Ⅱ型糖尿病，Ⅰ型糖尿病（T1DM）也与肠道菌群存在关系。Ⅰ型糖尿病的特征是胰岛 β 细胞的自身免疫性破坏。临床前Ⅰ型糖尿病患者的肠道菌群多样性及稳定性降低，拟杆菌门增加而厚壁菌门减少。这种肠道菌群组成的改变可以作为Ⅰ型糖尿病的早期诊断，并且早期使用益生菌可以降低胰岛细胞自身免疫发病风险。

11. 益生菌抑制体内相关酶活性

人体摄取的大部分营养物质都在小肠内以小分子形式被吸收。淀粉等多糖物质首先被唾液和胰 α-淀粉酶降解生成寡糖及二糖，然后经位于肠腔及刷状缘膜的 α-葡萄糖苷酶的酶促水解才能被人体吸收。因此，α-葡萄糖苷酶活性的抑制和葡萄糖吸收的减少已成为临床上治疗糖尿病的有效靶点。市场上该类降糖药主要有阿卡波糖、伏格列波糖等。但这类药物有一些胃肠道副作用，例如腹胀、腹泻等。DPP-Ⅳ是一种分布于细胞表面的多功能高特异性丝氨酸蛋白酶，在哺乳动物组织中广泛表达，在肠上皮细胞中高表达，部分以可溶形式存在于血液中。可溶性的DPP-Ⅳ具有酶活性，其主要作用是优先通过剪切去除氨基末端第二个氨基酸为丙氨酸（Ala）或脯氨酸（Pro）的寡肽的氨基末端前两个氨基酸。目前研究已应用于临床的DPP-Ⅳ抑制剂包括西格列汀、维格列汀、沙格列汀等。有趣的是，有研究显示乳酸菌具有抑制丝氨酸蛋白酶

DPP-Ⅳ的作用，实验发现3株植物乳杆菌（ZF06-1，ZF06-3和IF2-14）和1株短乳杆菌对DPP-Ⅳ酶均具有高的抑制率，之后又从婴儿粪便中分离出2株能够抑制DPP-Ⅳ的双歧杆菌（两歧双歧杆菌IF3-211和青春双歧杆菌IF1-11）。

12. 益生菌对糖代谢基因表达的影响

目前有大量研究表明，益生菌的摄入可以上调或下调糖代谢相关基因的表达。将植物乳杆菌NCU116喂给高脂饮食和低剂量药物诱导的Ⅱ型糖尿病大鼠，葡萄糖转运蛋白-4（GLUT-4）、胰岛素敏感性相关基因PPAR-α和PPAR-γ的表达上调，糖尿病大鼠的葡萄糖稳态得到调节且胰岛素敏感性增加，这些基因在炎症和葡萄糖稳态中起关键作用。研究发现，益生菌 $L.\ casei$ Zhang可以减少7α-脱羟基活性菌的数量，使粪便中总胆汁酸水平增加，进而促成体内胆汁酸与氯离子的交换，阻止氯离子流失以及氯离子依赖性基因表达上调，进而预防Ⅱ型糖尿病的发生与发展。此外，益生菌可提高pp-1（糖原合成相关酶）的水平，增加GLUT-4和PPAR-γ的表达，降低糖原合成相关酶（GSK-3β）和糖异生相关酶（G6PC）的水平。还有研究表明，益生菌干预可减轻骨骼肌中的脂毒性和内质网应激基因的表达，从而导致葡萄糖耐量的改善。

13. 肠道菌群和Ⅱ型糖尿病之间的其他机制

一些研究结果显示，血清中氨基酸、支链脂肪酸、低碳数和双键的三酰甘油以及特殊的膜磷脂与胰岛素抵抗有关，胰岛素抵抗患者血清中支链脂肪酸含量高于正常人群。支链氨基酸机制研究表明，血液中支链氨基酸的水平与肠道菌群的组成和功能有关，人体普氏菌和普通拟杆菌是合成支链氨基酸的重要驱动力。进一步的研究发现，喂食人体普氏菌的小鼠血液循环中支链氨基酸水平升高，并发生胰岛素抵抗。另外，已发现奇数链脂肪酸和多不饱和脂肪酸与降低Ⅱ型糖尿病发病风险具有相关性。

十、益生菌降血脂的作用机制

高脂血症主要表现为胆固醇、甘油三酯浓度异常升高，因此调控机体内胆固醇、甘油三酯的代谢平衡可有效预防高脂血症。目前为止，就益生菌降血脂的作用机制尚无十分明确的定论，其中大多数都是研究关于降胆固醇的机制，降甘油三酯的机制研究相对较少，一般局限于与胆固醇、甘油三酯代谢的某几个相关基因的表达和胆盐水解酶的作用，不能充分说明其机理，还需要更深入地探讨益生菌对脂质的调控作用。

1. 降甘油三酯机制

机体内源甘油三酯的合成受到固醇调节元件结合转录因子1重组蛋白（SREBP-1c）的正向调控，肝脏中固醇调节元件结合蛋白基因调控脂肪的重新合成，由胰岛素以及内质网应激反应激活，通过抑制固醇调节元件结合蛋白的表达来降低肝脏组织的甘油三酯水平。此外，过氧化物酶体增殖物激活受体δ（PPARδ）激活后能促进脂肪酸的β-氧化，降低血浆中甘油三酯水平。

2. 益生菌对胆固醇的吸附作用

益生菌通过菌体细胞将血液中胆固醇吸收进入细胞内进行利用或吸附于细胞膜上排出体外，从而降低胆固醇含量。研究显示，益生菌生长期细胞、非生长期细胞甚至死亡细胞都具有吸收胆固醇的能力，减少肠道对胆固醇的吸收利用，从而降低血清中胆固醇水平。此外，益生菌对胆固醇的吸附作用还能抑制肠道胆固醇微粒的形成，进而减少肠道黏膜对脂肪酸的吸收。

3. 抑制肠道对胆固醇和脂肪的吸收转运

胆固醇的吸收和转运主要发生在小肠，可通过抑制该部位对胆固醇的吸收和加速胆汁胆固醇的外流从而达到降低机体胆固醇的目的。益生菌通过调控胆固醇相关基因的表达水平，抑制肠道对胆固醇和脂肪的吸收，降低血脂水平。嗜酸乳杆菌ATCC4356可通过调控过氧化物酶体增殖物激活受体α（PPARα）和脂细胞分化关键基因 LXRα 的表达来抑制肠道对胆固醇的吸收从而有效缓解模型小鼠的动脉粥样硬化。嗜酸乳杆菌NS1则能增加肝脏SREBP2和LDLR基因的表达，抑制脂肪吸收，降低高脂饮食诱导的肥胖小鼠血清中总胆固醇水平和低密度脂蛋白胆固醇水平，改善高脂血症和肝脏脂代谢。

4. 通过对胆酸水平的调节调控胆固醇水平

益生菌通过胞内分泌产生的胆盐水解酶（BSH）等物质降低胆固醇水平。胆固醇微粒的形成需要结合胆盐的参与，益生菌生成的胆盐水解酶可将结合胆盐水解为游离胆酸，胆酸不被机体吸收，从而排出体外，血清胆固醇水平得以降低。同时，胆盐水解酶是脂代谢、胆固醇代谢和免疫稳态相关通路的关键调控因子，通过对胆酸水平的调节进一步调控胆固醇水平。

5. 抑制胆固醇生物合成途径

益生菌通过分泌产生的胆固醇脂酰辅酶A抑制剂等生物抑制剂抑制胆固醇生物合成途径中的关键酶（如脂酰辅酶A）或前体物质的形成，从而影响血清中胆固醇含量。采用含有嗜酸乳杆菌和干酪乳杆菌的乳制品饲喂高果糖膳食诱导的糖尿病大鼠，两个月后大鼠肝脏中的果糖积累明显减少，总胆固醇水平、低密度脂蛋白胆固醇水平和极低密度脂蛋白胆固醇水平显著降低，高血脂和高血糖现象都得到了有效缓解。分析其作用机制可能是益生菌抑制了脂代谢和胆固醇代谢过程中相关生物物质含量的升高，降低了还原性谷胱甘肽的含量，从而对血清胆固醇水平进行了调控。机体除了吸收来自饮食中的少部分外源胆固醇外，每天约有70%以上的胆固醇是由乙酰辅酶A（acetyl-CoA）在多种酶催化调节下自身合成。其中3-羟基-3-甲基戊二酸单酰辅酶A（HMG-CoA）还原酶是这一反应进程中的限速酶，因此可通过抑制肝脏中HMG-CoA还原酶活性来降低体内胆固醇水平。研究人员发现，当细胞内胆固醇水平升高时，胰岛素诱导基因调控作用的可能机制是乳酸菌通过抑制胆固醇调节元件结合蛋白的表达来降低HMG-CoA还原酶活性。临床上应用已久的他汀类药物亦是利用抑制HMG-CoA还原酶活性来降低机体胆固醇水平。

6. 促进胆固醇分解

益生菌促进胆固醇的分解代谢主要通过两种机制实现：一是通过益生菌产生胆盐水解酶将肠腔内的结合型胆酸水解成游离型胆酸，游离型胆酸不易被小肠吸收而大部分随粪便排出体外，抑制了胆汁酸肠道的重吸收；二是通过提高胆固醇7α-羟化酶（CYP7A1）活性使胆固醇分解为胆汁酸的速率加快。

十一、益生菌降血压的作用机制

益生菌制品的降血压作用主要基于两个方面：通过其胞外酶水解底物蛋白（如牛奶蛋白）产生具有抑制血管紧张素转化酶活性的抑制肽，而表现降血压作用；益生菌的菌体成分，如乳杆菌细胞壁成分或内容物在原发性高血压大鼠和高血压患者体内表现出降血压作用。

益生菌发酵过程中通过其胞外蛋白酶、肽酶（羧肽酶、氨肽酶）的水解作用，可降解蛋白质产生的血管紧张素转化酶，从而起到降血压的作用。血管紧张素转化酶的降解被认为是降血压的关键环节，能够降解血管紧张素转化酶并具有显著降血压作用的益生菌分布相当广泛。此外，乳酸菌细胞自溶物的多糖——肽聚糖复合物在自发性高血压动物的体内也能表现出降血压作用，这种降血压的作用呈现出一定的剂量效应。

十二、益生菌调节食物过敏的作用机制

肠道微生物调节食物过敏的可能机理如下：

（1）肠道微生物加强肠道上皮细胞屏障功能：肠道微生物可与组

成肠道屏障的多种细胞相互作用，调控抗原摄取，维持黏膜免疫平衡。肠道微生物通过其紧密连接调控肠腔的食物抗原进入固有层，促进防御素的产生，从而加强肠道上皮细胞屏障功能。肠道微生物可以与位于上皮细胞下方或者M细胞基底表面创造的"口袋"中的树突状细胞（DCs）、巨噬细胞、先天淋巴细胞相互作用，促进IL-22的产生，加强肠道上皮细胞屏障功能。

（2）肠道微生物调节机体免疫应答：代谢产物可诱导、控制与调节性T细胞（Tregs）发育和功能相关的关键转录因子Foxp3的产生，从而促进口服耐受，防止食物过敏时肠道中食物的代谢产物向机体传送一些信号，从而调节机体免疫应答。由于不同的膳食结构给微生物提供的营养物质不同，会产生不同的肠道菌群组成，从而引起不同的免疫应答。

十三、益生菌发挥肾保护作用的可能机制

（1）修复肠道上皮细胞改善肠道屏障功能：益生菌可以改变肠道微生态环境，抑制炎症反应，减少肠道黏膜损伤，修复受损的肠道上皮细胞间的连接并改善肠道物理屏障功能；

（2）减少尿毒症毒素和铵盐类产物的堆积：益生菌可竞争性增强营养物质的吸收，减少尿毒症毒素和铵盐类产物的堆积，改善水电解质紊乱和酸碱紊乱；

（3）增加短链脂肪酸的产生改变肠道pH：益生菌通过调节肠道菌群，重构肠道菌群平衡，增加短链脂肪酸的产生，改变肠道pH；

（4）改善慢性肾脏病的炎症状态：益生菌通过占位效应，减少病原体或病理性抗原与肠道黏膜受体的结合，减轻外源性致病体的入侵和内源性致病体的激活，增强机体免疫防御能力，从而改善肾脏的炎症状态，减轻氧化应激，延缓肾功能进一步恶化。

十四、益生菌抗癌的作用机制

肠道微生态失衡将导致机体屏障体系受到破坏，从而促进慢性炎症与癌症等疾病的发生。炎症体与肠道微生态失衡以及细菌异位可以相互促进并加重机体的炎症反应，促进肿瘤的发生。肠道菌群调节着多种模式识别受体从而引起一系列信号通路改变，最终促进肿瘤发生。有害细菌可以产生多种基因毒性物质，导致细胞DNA损伤，从而使细胞基因组发生失衡，促进肿瘤的发生。益生菌的抗癌功能可以分为直接作用和间接作用。直接作用就是菌体本身或其活性代谢产物对致癌物的结合或转化灭活；间接作用就是通过调节肠道菌群及其代谢酶活性、调节宿主解毒相关的酶活力、调节免疫功能等来发挥抗癌功能。

1. 促进肠道蠕动减少致癌物在肠道内的停留时间

益生菌在肠道内的繁殖可改善肠道菌群的组成，促进肠道蠕动，从而减少致癌物在肠道内的停留时间。

2. 益生菌吸附或降解潜在的致癌物

益生菌通过两种方式直接作用于毒性物质，起到抗癌作用：一种是益生菌与毒性物质吸附结合，再通过排泄途径带出体外；另一种是将毒性物质分解为无毒物质。发酵乳中乳酸菌的细胞壁可吸附一些致癌物质，如对挥发性N-亚硝基胺化合物具有极高的吸着率（98%）。细胞壁对这些变异原和致癌性物质的吸附现象主要是与细胞壁的肽聚糖有关，如双歧杆菌细胞壁的肽聚糖、磷壁酸和多糖都有一定的抗肿瘤作用。乳酸菌的抗变异原性功能主要表现为，细菌的细胞壁均具有与变异原性物质和致癌物结合的性质，死亡的乳酸菌菌体也具有这种能力。细胞壁与变异原的结合发生在极短的时间内，这种结合非常稳定，使变异原不能活化，从而减弱或消除其毒害作用。乳杆菌和双歧杆菌还能通过发酵分解N-亚硝基胺等致癌物，起到抗癌作用。

3. 益生菌可以产生强抗癌物质

益生菌也可以产生其他降低致癌物毒性的活性代谢物质，起到直接抗癌作用。乳酸菌的抗癌作用可能与它们的活性代谢产物有关。乳酸菌发酵的主要代谢产物是短链脂肪酸，如乳酸、醋酸和乙酰乙酸或者丁酸。丁酸对很多突变物质具有抑制活性，是肠道中强的抗癌物质。丁酸是结肠细胞首选的能源物质，并与细胞凋亡和细胞分化的调控有关。在分子水平上，它能通过对组蛋白的磷酸化和乙酰化作用影响基因表达。

4. 益生菌调节机体免疫功能

益生菌通过增强人体的免疫能力，提高对癌症的抵抗力。免疫系统是机体防御的第一道屏障。致癌物致病菌或者疾病导致炎症发生，过量的炎症因子或错误的生物成分导致慢性炎症的发生，慢性炎症的发生导致癌症的发生概率增大。益生菌能够调节免疫应答对抗发炎过程，从而减少癌症的发生。此外，益生菌通过免疫激活发挥抗癌作用，其中巨噬细胞的杀瘤作用具有重要意义。大量研究表明，双歧杆菌能激活机体的免疫系统，特别是巨噬细胞、NK细胞和B淋巴细胞等免疫效应细胞，使之分泌具有杀瘤活性的细胞毒性效应分子，如IL-1、IL-6、一氧化氮以及多种抗体。NK细胞不需要抗原的刺激，也不依赖于抗体的作用，即可杀伤多种肿瘤细胞，在防止肿瘤发生中有重要作用。IL-6可促进B细胞分化成熟，也可直接诱导T细胞增殖，并参与T细胞、NK细胞的活化，对乳腺癌、结肠癌和宫颈癌等多种肿瘤具有抑制作用。巨噬细胞还是抵御细菌入侵和肿瘤发生的一道非特异性屏障，可以通过产生超氧化物等可溶性因子杀灭细菌和肿瘤细胞。

5. 调节"免疫检查点"促进抗肿瘤免疫治疗

"免疫检查点"是一类免疫抑制性分子，其生理学作用为抑制T细胞的功能，在肿瘤组织则被肿瘤利用并帮助其免疫逃逸。目前美国 FDA 批准临床上可通过抑制"免疫检验点"治疗黑色素瘤和肺癌，促进T细胞重新活化、识别并杀死肿瘤细胞。肠道菌群在免疫系统的形成和天然免疫反应中发挥重要作用，在肠道菌群缺失时则无法产生有效的抗肿瘤疗效。

6. 参与化疗药物对肿瘤的杀伤

研究发现，化疗药物环磷酰胺可以改变小鼠的肠道菌群组成，同时使一些革兰氏阳性菌发生异位，从而促进辅助性T细胞17（Th17）和记忆T细胞（TM）产生免疫反应，增加环磷酰胺对肿瘤的杀伤效力以及防止肿瘤细胞产生耐药性。在利用免疫疗法或化疗来杀伤肿瘤的过程中都需要肠道菌群的参与，而进一步调整肠道菌群后能产生更好的治疗效果。

7. 益生菌抑制肠道有害细菌生长及相关酶的活性，增加与致癌物的解毒有关的酶

人类肠道中的某些有害细菌产生的酶如硝基还原酶、偶氮基还原酶及葡萄糖醛酸酶，会使大肠内的致癌原转变成致癌物。益生菌可以抑制肠道有害细菌的生长，从而减少与癌症相关酶的产生。益生菌通过定植于肠道，并能增殖，和其他厌氧菌一起形成膜菌群，以阻止肠道有害菌的定植与入侵；益生菌通过产生抗菌物质如细菌素，抑制其他有害菌的生长；益生菌通过产生有机酸影响其他微生物的生长；益生菌还可通过调整肠道微环境，影响有害细菌酶的活性，降低肝中与致癌物代谢有关的尿苷二磷酸葡萄糖醛酸基转移酶的活性。乳酸菌能够增加结肠中与致癌物的解毒有关的酶，如NADPH-细胞色素P450还原酶活力和谷胱甘肽S转移酶的活力。

十五、益生菌抗真菌的作用机制

益生菌被世界卫生组织认为是安全的、有效的，可用于微生物的干扰疗法。越来越多的研究表明，益生菌对酵母菌、犬小孢子菌和毛癣菌等真菌有抑制作用。

1. 有机酸产生低pH延缓真菌菌丝的生长

益生菌在培养的过程中产生乳酸、乙酸、丙酸等有机酸使其培养基

的pH降低，从而抑制真菌的生长。在益生菌抑制假丝酵母菌和断发毛癣菌等的实验中证明，益生菌对真菌的生长抑制作用部分归因于生成的有机酸产生的低pH。实验显示，当培养基的pH为3.5～3.0时，真菌菌落的直径明显小于pH为9.0～4.0的菌落直径，且当pH低于3.0时，没有真菌的生长。这表明pH和真菌生长之间呈反比关系，益生菌产生的有机酸可以有效地延缓真菌菌丝的生长。益生菌可以产生酸性和中性的鞘磷脂酶，其浓度足以促进皮肤细胞中神经酰胺的产生，并有可能改善皮肤屏障的特性。

2. 防止黏附和定植，抑制真菌的菌丝生长

病原真菌入侵并定植于宿主细胞的第一步是黏附，这是真菌毒力的关键属性。益生菌可以与病原微生物竞争营养物质和受体，从而防止它们的黏附和定植，抑制真菌的菌丝生长，从而降低真菌的侵袭。此外，乳杆菌的聚集能力与乳杆菌细胞表面疏水性水平有关。乳杆菌的聚集能力对高疏水性的菌株相对增强，而对低疏水性的菌株表现出相对较低的聚集能力。因此，在乳杆菌中观察到的高效的自聚集和协同聚集，可防止真菌在黏膜表面的黏附和定植。

3. 减少真菌的毒力因素，抑制黑色素厌氧菌的生长

真菌胞壁的黑色素可以抵御外界环境对其产生的氧化损伤，拮抗巨噬细胞吞噬以及胞外蛋白酶的杀灭作用，是真菌毒力因素中的重要因子，尤其是深部真菌。益生菌可以减少真菌的毒力因素，从而发挥其抗真菌的作用。有研究表明，双歧杆菌通过竞争主要的生长因子维生素K，来抑制黑色素厌氧菌。

4. 抑制真菌生物膜的发育和菌丝分化

体外研究表明，益生菌的抗真菌作用可能是由于它们可干扰真菌生物膜的发育和菌丝分化。益生菌培养液的细胞上清液对生物膜的发育有较强的抑制作用，其抑制作用明显大于益生菌本身，说明该抑制剂是益生菌分泌到培养基中的一种代谢物。在所有的植物乳杆菌培养物的上清

液中均发现了苯乳酸和4-羟基苯乳酸，其具有抗真菌活性。每毫升上清液中7.5 mg的苯乳酸可以抑制90%的霉菌生长。上清液中所分离出来的过氧化氢、细菌素和其他低摩尔化合物的组合都会延缓霉菌的生长。在研究乳酸菌对断发毛癣菌的抑制实验中显示，乳酸菌的无细胞上清液能够影响断发毛癣菌的分生孢子萌发。当其无细胞上清液的浓度达到10%时能够有效地抑制出芽达48小时以上，且无细胞上清液不受热处理及蛋白酶E和蛋白酶K处理的影响，由此可推断抗真菌药物在性质上是非蛋白性质的。此外，益生菌表现出的显著抑制真菌的活性在48小时的培养后，出现了显著的剂量依赖性生长抑制，对假丝酵母菌有80%的抑制作用。这说明，益生菌对真菌的抑制有最佳的抑制时间。此外，在对真菌的体外抑制实验中，一些益生菌能刺激巨噬细胞和树突状细胞分泌更多的IL-12从而引起天然免疫反应，降低传染病的发病率，也可以通过抑制麦角甾醇的生物合成相关基因（ERG6，ERG11）破坏真菌的免疫机制。

第六章

益生元生理功能、作用机制、制备和应用

  益生元对人体生理代谢功能起到调节和改善作用，可以有效提升机体健康水平，具有较高的营养价值。益生元一般在消化道上部应不能被消化酶消化，也不能被消化吸收；能选择性刺激肠道中益生菌的生长繁殖并激活其代谢功能，使肠道菌群向有利于宿主健康的方向转化，能诱导有利于宿主健康的肠道局部免疫或全身免疫反应，降低疾病发生率。当前，益生元的使用量并没有明确的规定，如果是作用在人体身上，通常将其用量控制在每天4~20 g效果最佳。例如，当人体每天摄入4 g抗性淀粉或者低聚果糖时，体内双歧杆菌数量将会显著增多。

  对于人体肠道微生物的研究已经从以实验室研究为主逐步发展到采用特定益生元进行预防干预的临床验证阶段。通过研究人体肠道微生

物菌群，了解人类微生物菌群的分布和菌群与益生元相互之间的影响因素，确定了益生元对人体代谢性疾病、免疫系统疾病等的预防和干预治疗方案，并在临床上取得了良好效果，这进一步显示了益生元产品在今后的微生态健康医疗产业中具备极大的发展潜力。

一、益生元的生理功能

益生元不能直接对机体起作用，而是通过刺激有益菌群的生长发挥其生理功能，对宿主产生有益的影响，改善宿主的健康。益生元与益生菌都会影响肠道菌群的平衡，但影响的方式完全不同。益生元不直接对机体起作用，而是作用于肠内本已存在的菌群，通过提供有益细菌喜欢的食物，来扶持它们从而压制有害细菌；而益生菌是外部添加的细菌，类似于空投一些"好细菌"来抑制"坏细菌"。

1. 益生元对寄生菌群的影响

益生元对寄生菌群的影响主要有三方面：

（1）增加细菌数量，提高粪便排出量。在食糜中以溶解状态存在的非消化寡糖可改变渗透压，导致水流量的增加；非消化寡糖经微生物发酵后产生气体、短链脂肪酸和乳酸盐，这些物质可影响消化道的运动性。非消化寡糖经发酵后使微生物的产量至少可达到300 g/kg，从而增加了排粪量和干物质排出量。

（2）产生短链脂肪酸。研究表明，大肠内的微生物可将碳水化合物转变成短链脂肪酸，但不同的碳水化合物对菌群的影响不同，从而造成乙酸、丙酸和丁酸的比例不同。人和小鼠的粪便体外发酵试验表明，菊粉可提高乙酸和丁酸的产量，半乳寡糖可提高乙酸和丙酸的产量，而木寡糖只增加乙酸的产量。

（3）促进有益细菌的生长。无论是体内还是体外研究都表明，菊粉和果寡糖可促进双歧杆菌和乳酸杆菌的生长，提高消化道的屏障作用，减少胃肠道疾病的发生。

2. 促进矿物质吸收

根据大量的关于益生元对矿物质元素吸收的影响的研究表明，益生元可提高矿物质元素的生物学效价。益生元在肠道内被发酵而产生了有机酸，降低了肠道内的pH，以增强矿物质元素在肠上皮细胞的被动和主动运输过程，在促进矿物质吸收方面作用显著。据报道，小鼠采食菊粉后，钙和镁的吸收量得到不同程度的提高。另外，菊粉可提高小鼠血液中铁的浓度，半乳糖寡糖也具有相似的作用。通过喂食小白鼠含10%低聚果糖的饲料，发现小白鼠肠胃对钙、铁、锌、镁等矿物质的吸收能力明显提升，同时还可以增强小白鼠骨密度，避免骨质丢失问题的出现。女性在青春期和更年期食用低聚果糖时，可以有效促进钙及镁的吸收，提高矿物质元素的生物学效价。钙、镁、锌和铁离子等矿物质元素生物学效价的改变主要发生在结肠。益生菌不宜天天喝，毕竟那是外来的菌，非肠内存活的菌，建议可用益生元来增殖肠内有益菌群，可以将益生元添加在冲好的牛奶中，以促进肠道对钙等矿物质元素的吸收。

3. 调节脂类代谢降低血脂

益生元可影响脂类代谢。无论是动物还是人类，在摄入一定量低聚糖益生元后，都可以对机体脂类代谢起到调节作用。动物和人体试验都表明，功能性低聚糖益生元对调节肝脏中脂肪代谢，降低血清胆固醇，提高高密度脂蛋白/低密度脂蛋白（HDL/LDL）的比值有一定效果。通过向大鼠投食含有大豆低聚糖的饲料，发现大鼠血脂明显降低，血清中的甘油三酯、胆固醇、低密度脂蛋白水平均有所下降。小鼠采食菊粉后，会产生血脂降低的效果，菊粉和异麦芽寡糖也有相似的作用，经长期饲喂非消化性寡糖，可降低血液胆固醇水平，但效果并不是很稳定。如果人体体内的胆固醇含量超出正常指标，患有轻度病症，按照每天18g的用量食用抗性淀粉，经过一段时间后，其体内的低密度脂蛋白、胆固醇及血清总胆固醇含量可以明显降低，并且患者其他各项机体指标均表现正常，无不良反应出现。

4. 在婴儿营养和健康中的作用

母乳哺育的婴儿体内的微生物区系不同于牛奶哺育的婴儿。典型的一个差异是母乳哺育的婴儿，肠道内以双歧杆菌为优势菌，而牛奶哺育的婴儿，肠道内拟杆菌属、梭菌属和肠杆菌科居多。这一现象的主要原因是吃母乳的婴儿可以获得母源性抗体和母乳中的低聚糖，其能促进肠道内双歧杆菌和乳酸菌增殖，进而增强婴儿的先天性免疫力，故通常情况下，其肠道不易被感染。牛乳中加入一定量的低聚果糖或低聚半乳糖益生元喂养婴儿28天后，与对照组相比，婴儿粪便中的双歧杆菌和乳酸菌数目显著增加。

5. 益生元低聚糖具有抗病毒作用

微生物的细胞壁都有 β-1,3-葡聚糖结构，破坏 β-1,3-葡聚糖结构，降解细胞壁可能是动物产生宿主防御机制的基本诱发因素，因而具有广谱免疫调节作用。多糖类可通过类似的降解细胞壁的免疫调节机制，增强宿主的免疫功能，以抵抗病原体的侵袭。香菇多糖对泡状口炎病毒引起的小鼠脑炎有明显的预防治疗作用，对阿伯尔氏病毒和12型腺病毒的感染也有效，对疱疹病毒、委内瑞拉马脑脊髓炎病毒、热病毒也有抵抗作用。甘草多糖对水疱性口炎病毒（VSV）、腺病毒2型（ADⅡ）、疱疹病毒（HSV-D）和牛痘病毒（VV）均有明显的抑制作用。它既可直接灭活上述病毒，又可阻止VSV、ADⅡ吸附和进入细胞，还可协同植物血凝素（PHA）、新城疫（ND）疫苗株等诱生人全血细胞、单核细胞及扁桃体。多糖类悬浮在体液中，可引诱吸附病原体，阻止其与健康细胞的结合，达到抗病毒的作用。在中草药如菇类、虫草、茯苓、党参、灵芝等中发现有提高机体正常菌群生长和增强机体免疫功能的物质。灵芝多糖、香菇多糖等从中药里提取的多糖类物质，具有增强免疫和抗肿瘤的作用。

6. 对慢性炎症性肠病的辅助治疗

益生元能促进有益细菌的生长繁殖，可用于慢性炎症性肠病的辅助治疗。益生元能够被肠道内有益细菌分解吸收，促进有益细菌生长繁殖，改善人体肠道微生物的平衡，进而抑制有害菌、调节肠道菌群。益生元可增加有益细菌数量、润肠通便、促进矿物质吸收、增强免疫力、改善炎症性肠道疾病、抑制急性感染和结肠癌。通过益生元来促进益生菌生长，可以避免菌群因高温与胃酸的刺激而大量死亡，在人体内原生增殖益生菌，避免本体菌群对外来菌群的抗拒，从而安全有效地解决肠道问题。益生元可导致肠道菌群的变化，帮助益生菌定植于肠黏膜，减少炎性递质的释放或表达而减少肠道炎症的发生，改善肠道炎症导致的肠黏膜损伤，可用于慢性炎症性肠病的辅助治疗。

7. 抗癌作用

一些临床试验表明，益生元可激活动物的免疫系统，抑制癌细胞的生长和扩散。喂食含有地黄低聚糖的饲料，可促进免疫抑制小鼠的B淋巴细胞恢复产生抗体的能力，小鼠骨髓粒单细胞的免疫功能也得到了显著提升。有研究发现，在大鼠日粮中添加100 g/kg长链菊粉和果寡糖，经适应阶段后，给大鼠注射氧化偶氮甲烷，结果发现，畸变隐窝病灶大幅度减少；给小鼠饲喂含长链菊粉50 g/kg的日粮，然后注射氧化偶氮甲烷，结果表明，长链菊粉不仅可降低畸变隐窝病灶的数量，而且还可抑制癌细胞扩散；小鼠采食含果寡糖58 g/kg的日粮后，小肠的免疫系统活性增强。

益生菌利用益生元作用于肠道所生成的乳酸、短链脂肪酸等多种有机酸，也可以对癌变细胞的免疫能力起到显著的刺激作用。短链脂肪酸是未经消化的碳水化合物通过细菌发酵而形成的，是肠道上皮的重要营养物质和生长信号，而其产物丁酸盐在结直肠癌细胞的预防中扮演着重要的角色。在正常结直肠细胞中，丁酸盐能预防细胞凋亡和黏膜萎缩，而在结直肠癌细胞中，丁酸盐可刺激分化、抑制细胞增殖、诱导凋亡及抑制肿瘤血管的生成，从而发挥预防和治疗结直肠癌细胞的作用。实验表明，魔芋甘露低聚糖可以增强小鼠的细胞免疫功能和单核巨噬细胞吞噬功能；米糠中改良的阿糖基木聚糖可增强小鼠NK细胞的活性及其在肿瘤细胞中的杀伤作用。

8. 减少其他疾病的研究

目前，有关益生元可降低疾病发生率的研究还有以下几个方面的报道。如日粮纤维和益生元均可刺激患有溃疡性结肠炎（UC）病人结肠内丁酸的生成，丁酸可通过促进黏膜细胞增殖和加快体内有益反应来预防或缓解肠道过敏综合征。人体试验中，每天摄入3～10 g的益生元，一周之内便可起到防止便秘的效果。另外，益生元可以抵御饮食中的有害物质并降低血糖，人体食用后基本不产生热量，可以用作低能量食品，如防龋齿的甜味剂，可减少肥胖和龋齿的发生概率。

伴随着宏基因组学、代谢组学、蛋白质组学的发展和大数据分析方法的进步，基于个体特征的精准益生元概念和益生元临床应用逐渐形成，预期将成为今后益生元发展的重要方向。

二、益生元的作用机制

益生元对健康的促进作用被认为是通过增殖双歧杆菌等益生菌或者充当抗黏附抗菌剂而间接发挥作用的。益生元通过给益生菌提供养分，增加肠道益生菌的数量和活性，从而提高其与有害菌争夺有限的营养物质的竞争优势。乳酸杆菌和双歧杆菌等益生菌能利用益生元，代谢产生短链脂肪酸，例如乙酸、丙酸和丁酸等，以创造一个酸性的微环境来抑制有害菌的生长。膳食中补充益生元，可使肠道微生物群增加紧密连接的蛋白，增加上皮细胞屏障的完整性。特定的益生元能直接充当抗黏附抗菌剂来阻止或减少病原菌在黏膜上的黏附。在肠道中，相同益生元对不同的细胞可能会引起不同的效应。另外，益生元能通过调节参与免疫的细胞数量、比例或免疫相关细胞因子的基因表达水平来调节机体的免疫反应。益生元在肠道免疫中能够通过有机酸的释放，或构成与免疫细胞相互作用的细菌细胞壁或细胞质，来调节肠道的免疫系统。除通过改变人体肠道菌群组成来间接影响人体的免疫系统外，益生元也能直接调节免疫反应。例如，益生元能诱导基因差异性表达和调节细胞应答，对宿主肠道上皮细胞发挥直接作用。益生元的作用机理主要表现在以下几个方面：

1. 对双歧杆菌的生长和繁殖有促进作用

益生元尤其是功能性低聚糖益生元对双歧杆菌的生长和繁殖有促进作用，故被称为高效双歧杆菌增殖因子。益生元刺激人体双歧杆菌生长而改善肠道功能的效果与受试者年龄、饮食、健康等其他因素相关。如果机体患有胃肠道疾病，体内双歧杆菌总量较少，则益生元效果会更明显。益生元以未经消化的形式进入胃肠道，通过降低pH，促进双歧杆菌等益生菌的生长，间接地促进胃肠道健康和营养素的吸收。

2. 改善肠道微生态

益生元不仅能特异性增殖双歧杆菌、乳酸杆菌，还能改变整个肠道微生态，致使存在个性化效应。肠道益生菌利用低聚糖类物质大量增殖，形成微生态竞争优势，同时益生菌代谢产生的短链脂肪酸和一些抗菌物质直接抑制外源性致病菌和肠腐败菌的生长繁殖，减少有毒物质的产生。但不同的碳水化合物对菌群的影响不同，从而造成短链脂肪酸如乙酸、丙酸和丁酸的比例不同。用人和小鼠的粪便体外发酵试验表明，菊粉可提高乙酸和丁酸的产量，半乳寡糖可提高丙酸和乙酸的产量，而木寡糖只增加乙酸的产量。益生元在食糜中以溶解状态存在的非消化寡糖可改变渗透压，导致水流量的增加；非消化寡糖经微生物发酵后产生的气体、短链脂肪酸和乳酸盐，可影响消化道的运动性；非消化寡糖经发酵后增加微生物产量，从而增加排粪量和干物质排出量。

3. 增强机体免疫力

益生元作用在机体中，不仅可以促进益生菌繁殖，而且还具有较强的免疫刺激作用，可以增强巨噬细胞活性使其产生抗菌素，进而刺激淋巴细胞不断分裂增殖，充当免疫刺激辅助因子而提高机体的免疫力，具有直接提高机体免疫应答能力而增强体液及细胞免疫的作用。

4. 促进有益细菌的生长

无论是体内还是体外研究都表明，菊粉和果寡糖可促进双歧杆菌和乳酸杆菌的生长，提高消化道的屏障作用，减少胃肠道疾病的发生。通过体外厌氧培养的方法，研究了益生元紫苏油对嗜酸乳杆菌、双歧杆菌两种益生菌的体外增殖作用。结果表明，当紫苏油添加量为3%时，嗜酸乳杆菌的增殖数达到最大值；当紫苏油添加量为1%时，双歧杆菌的增殖数达到最大值。紫苏油具有一定的促进益生菌增殖的作用。

5. 减少病原菌在黏膜上的黏附

特定的益生元还能直接充当抗黏附抗菌剂，来阻止或减少病原菌在黏膜上的黏附。如致病性大肠杆菌会表达一种低聚糖黏附素，能与黏膜细胞表面糖链结合从而黏附在黏膜上，而低聚半乳糖则与黏膜细胞表面的糖链结构相似，作为可溶性的受体与大肠杆菌结合，以抑制大肠杆菌在肠道的黏附，减少感染的风险。益生元还可通过吸附肠道病原菌，促进其随粪便排出，具有通便作用。

三、益生元的制备方法

益生元可通过多种方法制备获取，包括天然物提取、化学合成、微生物发酵、酶水解和转化等，当前工业生产中最为常用的制备方法为酶水解和转化。具体制备过程可分为三步：① 对酶进行发酵；② 采用酶法合成低聚糖；③ 通过分离精制得到益生元。在制备过程中，为提高益生元产量，一般采取基因工程改造的方法来增强酶的活性，如利用酶法生产低聚乳果糖；利用酶法生产出具有双歧因子功能的果胶低聚糖益生元。

四、益生元的应用现状

乳制品尤其是发酵乳制品，其本身就是公认的益生元，可以促进肠道益生菌的生长与繁殖，发酵乳糖产生大量的短链脂肪酸，降低肠道pH，抑制致病菌的繁殖。基于益生元的生理代谢功能以及较高的营养价值，其已在生活生产中得到了广泛的应用。在早餐中添加适量低聚果糖等益生元，可以有效提升其营养价值，对人体健康起到促进作用，具有良好的保健功能。在乳制品中，如在纯质乳品中，添加适量低聚木糖，一般将其比例控制在0.3%～0.5%，在促进矿物质及维生素的吸收方面作用显著；在婴幼儿奶粉中应用益生元，可以提高各种营养物质的吸收率，对促进婴幼儿智力和视力的发育意义重大，同时还能增强其身体免疫力，有效避免疾病感染问题，可达到与母乳几乎相同的功效。通过食用添加益生元的奶粉，可以促进青少年身体对各种营养物质的吸收，包括矿物质、蛋白质、维生素等，并且还可以改善肠胃功能，起到了促消化、增食欲的效果，同时还能防止龋齿和铅中毒。在保健食品中，低聚糖类可添加到食品和药品中，在饮料、饼干、糖果等食品中应用广泛。与益生菌一起应用，如双歧杆菌和低聚果糖一同使用，可以发挥出更加理想的生理代谢功能和营养价值，同时低聚果糖有着口感良好、安全性高等优点，所以通常以益生菌益生元复合制剂的形式应用，常见于婴幼儿食品、乳制品、保健食品等产品中。就欧美国家益生元的应用情况来看，益生元和益生菌配合使用的产品种类众多，超市中复合制剂产品的种类超过了千种。冷饮中采用"双歧杆菌+低聚果糖+维生素"的组合方式生产加工，可以充分发挥三者的协同效用，来改善人体肠胃功能，增强人体免疫力。酸奶中添加双歧杆菌一起使用，可以发挥二者的协同作用。近些年，我国关于益生元复合制剂即合生元的研究也取得了显著成就。

第七章
益生菌在食品和饲料方面的应用

    益生菌除了在健康和医药方面的应用外，在食品及畜牧业中也被广泛应用。其生理功能主要包括：通过调节宿主肠道内的菌群微生态环境，从而调节宿主的身体状态；通过改善宿主上皮细胞的屏障功能，利用竞争性黏附等机制抑制病原微生物的定植与繁殖；通过调节免疫应答，利用菌体生长代谢出的肽聚糖活化机体内部免疫细胞等作用，对机体产生有益影响。在畜牧业中，还可以利用益生菌对饲料进行发酵，提高饲料的营养价值，增加饲料的适口性，降解有害物质等。

一、益生菌在食品领域中的应用

益生菌在食品领域中的应用主要是发酵奶制品和非奶制品领域。发酵奶制品领域包括酸奶和乳酸菌饮品等。70%的益生菌应用于乳制品中，包括酸奶、乳酸菌饮料、干酪、乳饮料、奶粉和冰淇淋；非奶制品包括片剂、胶囊、饮料粉末、谷物食品、涂抹食品、脂肪填充物、果汁等，用在点心、糖果、糕饼、蔬果汁、豆奶、发酵豆奶上。益生菌在应用时可以一种或数种菌株单独或与其他酵母菌、醋酸菌等可强化产品风味或物理性能、生产性能的菌株混合使用。益生菌应用范围除了以食品方式经口摄取到达肠道之外，还可以制成雾状以用于上呼吸道或制成药膏应用于泌尿道，进行局部治疗。近年来，为防止菌体飞散、取食便利及延长保质期等因素，益生菌的产品形式扩展成以胶囊、锭剂、粉包、颗粒状等形式包装的菌体。有些菌株因临床实效而以药品形式如作为整肠剂、止泄剂及医疗辅助用品等应用于食品领域，主要在乳制品行业，并逐渐向各种功能性食品方面拓展。

从食品应用角度出发，全球益生菌市场可被细分为原料、膳食补充剂及功能性食品三大类，其中以功能性食品（包括乳酸饮料、酸奶和果汁等）所占的市场份额最大。益生菌在功能性食品领域里大多用于乳制品，其中酸奶类食品占这一市场销售的最大份额。益生菌膳食补充剂的剂型主要有胶囊、粉剂、口服液和片剂等，并添加其他成分，如奶制品、非乳载体、羊奶粉、酸果提取物、低聚果糖、免疫球蛋白、发酵副产物及其他生物活性物质，其中以胶囊剂产品的销售额最大。2016年，益生菌全球销售总额约为370亿美元，其中，功能性食品占益生菌销售总额的90%左右，膳食补充剂等约占10%。益生菌产品的开发过程中涉及诸多技术，其中以菌株的开发以及益生菌应用市场的开发最为关键。

二、应用于食品中的常见益生菌

应用于功能性食品的常见益生菌主要指两大类乳酸菌群：一类为双歧杆菌属，该类乳酸菌为全球公认的益生菌，尚未见不利于人体的报道。常见的有婴儿双歧杆菌、长双歧杆菌、短双歧杆菌、青春双歧杆菌等。另一类为乳杆菌属，如嗜酸乳杆菌、干酪乳杆菌、鼠李糖乳杆菌、植物乳杆菌和罗伊氏乳杆菌等，其中较新型的两个菌种为植物乳杆菌和罗伊氏乳杆菌。

三、益生菌在乳制品中的应用

在食品领域，乳制品是益生菌最大的应用领域，而酸奶又是乳制品中应用益生菌最多的领域。在中国市场上，在乳制品领域应用益生菌的产品比例可达到74.5%，含有益生菌的产品主要是酸奶和发酵乳饮料。在食品工业中，益生菌可参与发酵或不参与发酵直接添加。而发酵食品特别是发酵乳制品本身有很好的健康功效，因此作为发酵菌种的益生菌可将发酵性能与健康功效结合形成酸奶，酸奶是益生菌的最佳食物载体。近年来，为了满足消费者的需求，很多种类型和风味的酸奶不断出现，例如含有水果的益生菌酸奶在消费者中很受欢迎，因此人们添加多种水果制成搅拌型水果酸奶。除酸奶之外，益生菌在乳制品中的应用还涉及发酵液体奶、纯牛奶（添加益生菌但不经过发酵）、乳饮品、奶粉、干酪、婴儿乳品等。

益生菌在酸奶中的应用，大致有以下三种较为集中的方式：一是将单一的益生菌或复合的益生菌作为发酵菌种；二是在嗜热链球菌和保加利亚乳杆菌传统菌种的基础上，添加一种或多种益生菌进行发酵；三是一些传统古老乳制品，这些乳制品具有明显的历史性和民族性。

传统酸奶和益生菌酸奶是目前市场上常见的两种酸奶制品，传统酸奶是由鲜牛奶添加两种菌类，即嗜热链球菌和德氏乳杆菌保加利亚亚种（简称保加利亚乳杆菌），随后发酵制成的传统酸奶。传统酸奶不含有活性乳酸菌，但是含非活性乳酸菌的酸奶也是有营养价值的，因为在乳酸菌发酵过程中，消耗掉了乳糖，产生一系列的代谢产物如维生素类、酶类等，这些代谢产物对人体都是有益处的。益生菌酸奶是在前者发酵的基础上，又添加了另外两种乳酸菌类，即嗜酸乳杆菌和双歧杆菌，其在标识上通常有"益生菌"字样。益生菌酸奶必须含有活性乳酸菌，这种酸奶除了具有乳酸菌发酵过程中产生的一系列有益人体的代谢产物外，其含有的活性乳酸菌，还有利于调节人体肠道微生态的平衡。益生菌酸奶的最大特点就在一个"活"字上。益生菌酸奶从生产、制作到销售等过程中必须保持冷链保存，并且在保质期内要保持一定的活菌数，才称得上保证质量，才能更好地增进人体健康。酸奶中常用的益生菌主要有嗜热链球菌、保加利亚乳杆菌、双歧杆菌等，可以调整肠道菌群的组成，抑制有害菌的生长。

1. 发酵乳制品

发酵乳制品又称酸奶，本身具有很好的健康功效，因此酸奶一直被消费者熟知和钟爱。益生菌不仅可以用于制作新型乳制品，还可以降低乳制品中黄曲霉毒素的含量。在酸奶发酵和冷藏过程中，嗜酸乳杆菌可以作为酸奶中游离黄曲霉毒素的结合剂，保障酸奶饮品的安全性与健康性。当前还出现了新型益生菌酸奶，许多是由富含干酪乳杆菌的新鲜苹果片、葡萄干和小麦谷物制作而成，苹果、葡萄干和小麦籽粒改善了包埋的干酪乳杆菌细胞的活力，且掺入富含干酪乳杆菌的新鲜苹果片和小麦籽粒的酸奶具有一定的持水能力，脱水收缩较少，且赋予新的品味。

GB 19302—2010《食品安全国家标准：发酵乳》将发酵乳制品分为发酵乳和风味发酵乳，其中仅接种嗜热链球菌和保加利亚乳杆菌的发酵乳制品可以称为发酵乳；而风味发酵乳指原料一般除了奶类（80%以上）之外，还加入果蔬、谷物、食品添加剂（比如糖、胶、香精等）、营养强化剂等原料，蛋白质含量较低（≥2.3%），营养价值低于酸奶。风味发酵乳除了含有蛋白质、糖类、矿物质及各种维生素外，还由于乳酸菌的作用，使乳中不易被人体消化吸收的乳糖变为乳酸，起到抑制肠道中有害微生物的生长繁殖、增进人体消化吸收的作用。

2. 乳酸菌饮料

乳酸菌饮料是以鲜乳或乳制品为原料，经乳酸菌培养发酵制得乳液，再向其中加入水和糖液等调制而成的产品。在乳酸菌饮料的卫生标准GB 7101—2015《食品安全国家标准饮料》中，进一步完善了乳酸菌饮料的理化指标和微生物指标。在乳酸菌饮料中添加的乳酸菌主要为干酪乳杆菌、保加利亚乳杆菌和嗜热链球菌。益生菌可以赋予产品多种功效，提高产品风味，减少香精、香料在产品中的添加，从而使产品更趋于天然。如丁二酮乳链球菌、肠膜明串珠菌及乳酪链球菌等可产生乳酸、乙酸及丁二酮等风味物质。此外，益生菌还能够增加乳制品的黏稠度。

3. 功能性酸奶

功能性酸奶中的功效成分是调节人体机能的主要成分，明确功效成分是制备功能性酸奶的前提。如木糖醇具有调节血糖功能，将木糖醇和益生菌结合生产就可得到无糖酸奶，它的特殊之处在于原料中未添加蔗糖和单糖，而是选用作为功能性甜味剂的木糖醇，可以避免血糖水平的提高；添加有独特保健功能的益生菌，使酸奶具有帮助消化、防止便秘、防止细胞老化、降低对胆固醇的吸收、抗肿瘤和调节人体机能等保健和医疗作用。因此，在食品向天然型和功能型发展的今天，生产这种功能性酸奶是益生菌制品的发展方向之一。

4. 益生菌干酪

近期研究发现，相比于传统发酵乳制品，干酪作为益生菌载体具有很大的优势，可以为益生菌提供一个较长且稳定的存活环境，延长了益生菌的生存时间，保证益生菌不会在食用前很快死亡，可以以活体形式被利用。另一方面，干酪相对于传统乳制品来说具有特殊的空间网络结构和较高的脂肪含量，当益生菌通过胃肠道时，网络结构可以将益生菌网罗在内，脂肪也可以包裹在益生菌外层，这就为益生菌增加了一层物理外壳，减少或缩短了益生菌与胃中酸化环境的接触时间，提高了益生菌通过胃肠道的存活系数。因此，干酪比发酵乳更适合作为干酪乳杆菌等益生菌的载体。

四、益生菌在功能性食品中的应用

随着社会的高度发展，人们的健康意识不断提高，需要更加健康、多功能的食品，而具有强大保健功能的益生菌功能性食品正在迅猛发展。功能性食品成为益生菌市场应用的最大领域，也是重要的研究领域以及竞争焦点。

1. 益生菌作为添加剂被广泛应用

益生菌在功能性食品中被广泛用为添加剂。添加剂是目前众多食品中必不可少的材料，因某些益生菌有特殊的芳香味道，比如保加利亚乳杆菌和嗜热链球菌等，常与食品有机结合在一起，可以有效提高产品的风味，使产品更趋于天然，更易于被消费者接受。

2. 益生菌特有的保健功能

在功能性食品的研发中，益生菌因其特有的保健功能备受关注。人们常不难发现市场上有很多添加不同益生菌以促进和调节人体健康为诉求的发酵饮品，如各种功能性发酵果蔬饮料、糖果制品、冰淇淋甜点等。以红茶菌饮料为例，红茶菌饮料中富含维生素C、维生素B等营养素，并含有三种以上对人体有益的微生物菌群，因此能调节人体生理机能、促进新陈代谢、帮助消化、防止动脉硬化、抗癌、养生强身，是一种具有养生保健功能的饮料。通过利用一种或数种益生菌菌株单独或与其他酵母菌、醋酸菌等混合使用以强化产品风味、物理性能及生产性能，市场上开发了一系列功能性食品添加剂，如保加利亚乳杆菌、嗜热链球菌、丁二酮乳链球菌、醋化醋杆菌、肠膜明串珠菌及乳酪链球菌等产生乳酸、乙酸及丁二酮等风味物质。因其可以赋予产品芳香，提高产品风味，减少香精、香料在产品中的添加，从而使产品更趋于天然而易于被消费者接受。

使用益生菌发酵，酸化果蔬汁，可以在获得乳酸的同时提供发酵风味和营养价值。2016年，我国"果蔬益生菌发酵关键技术与产业化应用"项目获得国家科学技术进步奖二等奖之后，益生菌在功能性食品方面的应用也迅速发展起来，各种益生菌发酵饮料层出不穷。一些果蔬制品，如南瓜、胡萝卜、木瓜等经过压榨取汁，获得的汁液偏中性，不利于保存，风味也不尽人意，往往要将其酸化后保存或饮用。利用干酪乳杆菌和威利球拟酵母顺序接种，发酵榴莲果肉，威利球拟酵母的连续接种显著提高了干酪乳杆菌的存活率及果糖和葡萄糖的利用率。顺序接种产生的挥发性化合物，包括醇类（乙醇和2-苯基乙醇）和乙酸酯（乙酸2-苯乙酯、乙酸异戊酯和乙酸乙酯）的含量显著升高，这将提高产品风味。益生菌除了可以对果蔬进行发酵外，对果蔬汁也能起到提高品质、易于保存的良好作用，如利用乳酸菌发酵后的仙人掌汁，具备更好的品质和功能特性，且易于保存。经过干酪乳杆菌发酵后的果汁pH降至4.1，能有效抑制其余致病菌的生长，易于保存，同时发酵后的果汁抗氧化活性显著增加。

3. 益生菌制剂

除酸奶、奶酪、冰淇淋外，市场上见到的其他益生菌功能性食品还有益生菌培养物或益生菌粉剂；单独的双歧因子、由益生菌和双歧因子组成的1+1联剂；数种益生菌配制的膳食补充剂；由益生菌培养物和中药配成的混合制剂等。添加4%短链菊糖的鼠李糖乳杆菌GR-1的益生菌大米布丁，在风味、甜度、质地和总体可接受性方面具有较好的特性，可改善食用者泌尿生殖道问题和尿路感染；添加短链菊粉、长链菊糖和燕麦对鼠李糖乳杆菌GR-1的活力没有不利作用。同时，如何将益生菌的益生作用放大、增强将是今后益生菌研究的主要方向，例如使益生菌食品能具有抗癌作用及抗癌效率。但是通常要考虑菌体载体对菌存活率的影响，可添加益生元增加其存活率和定植率，使益生菌更好地存活并发挥作用。同时，利用现今强大的生物技术，通过基因工程等手段培育功能更加强大，并能长久定植肠道，发挥有益作用的益生菌也是益生菌发展的关键领域。

五、益生菌在发酵肉制品中的应用

目前，国内外利用益生菌发酵肉制品的研究主要集中在发酵香肠的生产上。混合使用乳酸杆菌和过氧化氢酶阳性球菌比单独接种单一菌种更能获得优良产品。近年来，用于肉制品发酵的益生菌均以乳酸菌为主，通过不同乳酸菌以及同其他微生物如微球菌、葡萄球菌或酵母菌之间的复配制成发酵剂。这些发酵剂在肉制品发酵和成熟的过程中，各自发挥着独特的作用，如接种微生物产生的蛋白酶可分解肉中的蛋白质成为较易被人体消化吸收的多肽和氨基酸，接种脂酶可分解脂肪成为挥发性的短链脂肪酸和脂类物质，使产品具有特有的香味；另一方面接种微生物可抑制肉制品中腐败微生物的生长，延长肉制品的保质期。因此，肉制品经发酵后不仅可明显提高其消化吸收率及营养价值，赋予产品独特风味，同时还能增加产品的安全性和保质期。目前市场上发酵香肠的普及率越来越广泛，它已成为发酵肉制品中产量最大且最具有代表性的一类产品，是今后肉制品发展的一个主要方向。

六、益生菌在膳食补充剂中的应用

益生菌加益生元作为膳食补充通常被制作成益生菌制剂，即用适当的方法制成的带有活菌的粉剂、片剂或胶囊等制品，它作为一类能够通过改善肠内微生态平衡而有效影响宿主身体状态的活性微生物制剂，经服用后能起到健胃整肠和防治胃肠疾病等作用。研究者通常会针对某一特定亚健康人群来开发此类膳食补充剂，例如针对儿童的膳食补充剂能有效缓解幼童发生的便秘或腹泻等问题，特别是那些使用过抗生素的儿童，肠道内的有益细菌数量会下降，每日补充一些含有乳酸菌和双歧杆菌的酸奶或其他含益生菌的食品，能够加速恢复健康的肠胃功能。此外，市场上还有适合各类人群如中老年人、女性、上班族或糖尿病人等的产品，它们以补充肠道益生菌为诉求，帮助改善肠道微生态的平衡及健康。

七、益生菌在畜牧养殖中的应用

益生菌在畜牧业中的应用随着我国养殖业的发展而迅猛发展。目前，许多养殖场在饲料中添加抗生素进行疾病防治，但抗生素不仅能够抑制和杀灭病原菌，也会破坏机体正常菌群的平衡，长期饲喂会造成畜禽的耐药性、药物残留及"三致"等危害，甚至威胁人类的健康与安全。益生菌因其良好的调节机体微生态的能力而被畜牧养殖科研人员重视。目前，国内外对益生菌应用于畜牧业中的研究主要集中在：一是用益生菌代替抗生素作为饲料添加剂喂食给畜禽，用于调节畜禽的肠道微环境，改善其生长性能；二是将益生菌用于发酵动物饲料，对畜禽饲料进行发酵处理，减少原料中的抗营养因子，产生有益代谢产物和可溶性多肽等小分子物质，提高饲料的营养水平，促进动物的生长发育。发酵饲料已开始广泛应用，如利用粗壮脉纹孢菌发酵豆渣作为饲料，经过发酵后，豆粕中粗蛋白的含量显著提高，且抗营养因子（植酸、脲酶和胰蛋白酶抑制剂）含量均显著降低，大大提高了饲料的营养价值与适口性。利用粗壮脉纹孢菌发酵处理豆渣，饲料粗蛋白含量增加8%左右，粗纤维降解率可达88.68%，同时还产生了部分类胡萝卜素，使饲料获得了菌体代谢产生的新营养物质，进一步提高了饲料的营养价值。

养殖业中常用的益生菌主要有三类。一是乳杆菌属：嗜酸乳杆菌、短乳杆菌、干酪乳杆菌、植物乳杆菌和德氏乳杆菌保加利亚亚种等；二是双歧杆菌属：长双歧杆菌、青春双歧杆菌、两歧双歧杆菌和短双歧杆菌；三是球菌属：粪肠球菌、尿肠球菌、乳酸乳球菌乳酸亚种、乳酸乳球菌乳脂亚种、唾液链球菌嗜热亚种和中间型链球菌等。

1. 养猪方面的应用

益生菌可以降低猪的患病率，提高饲料利用率与增重速率。将乳酸菌饲喂给断奶后的仔猪，可以有效地预防仔猪各类疾病，降低仔猪的患病率，提高仔猪的饲料利用率与增重速率。仔猪在服用乳酸菌后，体内的大肠杆菌明显降低，有益菌群的数量显著提高，从而有效地控制了断奶应激造成的仔猪腹泻。补充复合益生菌能有效提高仔猪的生长性能，对改善血液学参数和IgG水平均有良好效果。发现在断奶仔猪饲料中用1.0‰的复合益生菌（植物乳杆菌、戊糖片球菌、枯草芽孢杆菌、丁酸梭菌和酵母菌）代替抗生素，可以显著提高仔猪的平均日增体质量，降低耗料增重比，大大提高饲料利用率。利用淀粉芽孢杆菌代替抗生素作为饲料补充剂，不仅能提高仔猪的日增体质量，还能通过增加抗氧化能力和肠自噬来改善仔猪的生长性能和抗氧化状态，提高仔猪的存活率与健康水平。而在饲育肥猪中，利用凝结芽孢杆菌、地衣芽孢杆菌、枯草芽孢杆菌和丁酸梭菌的混合益生菌制剂作为饲料补充剂，其腹泻率相较于采用普通饲料喂食的猪来说显著降低，并且利用益生菌喂食的猪，其猪肉成色更加优良，背部脂肪厚度明显增加，表明益生菌对育肥猪肉的品质有所改善。

2. 反刍动物方面的应用

益生菌可以帮助反刍动物牛和羊，如治疗犊牛的下痢病以及羔羊的痢疾病。若在犊牛与羔羊未发病前进行益生菌微生物的添加，可以极大程度地降低腹泻的发病率，并且在提高饲料利用率与增重速率的同时，降低死亡率。利用片球菌发酵谷物麸皮饲喂乳牛，发现用发酵饲料饲喂乳牛，其产奶量比对照组的乳牛每天提高了6 kg。进一步研究发现，牛乳中IgG、乳铁蛋白、溶菌酶和乳过氧化物酶的含量显著提高，大大提高了牛乳的质量，体现了益生菌在牛乳生产业强大的应用潜力。用益生菌发酵中草药饲喂牛，结果表明，接受发酵浓缩物饲喂的牛表现出改善的体质量增加，且平均产奶量、乳脂肪含量和固体非脂肪含量增加。另外，接受发酵浓缩物饲喂的牛，其血清中生长激素、热休克蛋白70和IgG的水平显著升高。

3. 饲养家禽方面的应用

在鸡群饲养的过程中添加益生菌，可以降低鸡群的患病率与死亡率，提高肉用鸡的饲料利用率与机体抵抗力，有效提高蛋用鸡的孵化能力，提高种蛋受精率、活胚率以及健雏率，有效提高鸡群的生产率与经济效益。用枯草芽孢杆菌作为肉鸡饲料的补充剂，发现饲喂添加枯草芽孢杆菌饲料的鸡与相同年龄的对照组相比体质量及饲料效率均显著提高。益生菌和酶组合作为饲料补充剂能够让肉鸡获得更好的生长性能和血液学参数，并且证实益生菌的添加不会对采食量造成影响。用益生菌对饲料进行两阶段发酵，对肉鸡进行饲养，结果表明，饲喂益生菌组的肉鸡可消化氨基酸含量显著高于对照组，畜禽更容易对饲料进行消化吸收，提高肉鸡的生长性能。

在益生菌作为饲料添加剂的研究中，使用复合益生菌（枯草芽孢杆菌和乳酸菌）代替抗生素饲喂乳鸽，结果表明，饲喂复合益生菌组的乳鸽的心脏、脾脏指数显著高于对照组和抗生素组，血清总蛋白、白蛋白和球蛋白含量显著高于对照组，这表明益生菌在提高乳鸽的脏器指数、改善血清生化指标方面的作用优于抗生素。

利用解淀粉芽孢杆菌发酵鹅饲料，结果表明，饲喂发酵饲料的鹅的产蛋量、平均蛋质量、受精率和孵化率均得到了相应的提高，因此使用该饲料饲喂可以有效增加鹅的生产性能和养殖收入。

八、益生菌在水产养殖中的应用

益生菌作为饲料补充剂在水产养殖领域也起到了良好的作用。

1. 提高鱼蛋白含量，提高其存活率

使用枯草芽孢杆菌和鼠李糖乳杆菌的混合制剂作为人造饲料的补充剂喂食鱼，生化评价结果表明，蛋白质显示最高值。同时，对鱼的肠道微生物群进行分析发现，饲喂益生菌能够抑制鱼肠道内致病细菌的生长，大大提高鱼的存活率。利用产朊假丝酵母组、枯草芽孢杆菌、鼠李糖乳杆菌分别发酵三株中药，饲喂鲤鱼发酵后的中药，发现鲤鱼体内特异性免疫指标溶菌酶、补体C3及总蛋白含量均显著提高，且使用发酵饲料与使用益生菌制剂的效果相似，均对鲤鱼肠道菌群有一定的调节作用，能够提高其抗病能力。

2. 提高虾机体免疫力并促进其生长

益生菌可提高虾的机体免疫力并促进其生长。益生菌与致病菌有相同或相似的抗原物质，通过产生非特异免疫调节因子等激发机体免疫功能，增强机体免疫力。研究表明，益生菌可刺激机体产生干扰素，同时提高免疫球蛋白浓度和巨噬细胞的活性。另外，一些微生物在发酵或代谢过程中会产生生理活性物质，有助于食物消化和营养物质吸收代谢。微生态制剂在肠道内定植繁殖，还可以产生B族维生素、氨基酸、淀粉酶、脂肪酶、蛋白酶等生长刺激因子。具有活性的各种酶能有效地将饲料中一些大分子多聚体分解和消化成动物容易吸收的营养物质或分解成小片段营养物质，在其他消化酶的作用下进一步消化、分解和吸收，从而提高饲料的转化率，促进虾体的增重，改善虾体的肉质和体色。

3. 养鳖减少换水次数，提高成活率

益生菌在养鳖中也取得了显著效果。将厌氧性乳酸菌菌群用于鳖饲料中，添加益生菌的养鳖池水换水次数大大减少，不仅保持良好的水质，而且臭气消失了。不仅如此，添加益生菌后，稚鳖的成活率也提高

了。用乳酸杆菌和芽孢杆菌等益生菌复合研制开发的"HB"微生物活性制剂作为鳖的饲料添加剂使用后，换水频率由原来的每月3次减少到1～1.5次，由于水质条件改善，鳖的消化吸收率提高，饲料转化率可提高8%以上，生长速度加快，发病率下降，经济效益相应提高。

　　总的来说，益生菌在食品和饲料领域的发展中具有重要意义。益生菌用作饲料补充剂时，相比于抗生素有着无法比拟的优势，而且调节效果出众。益生菌用于饲料发酵时，利用自身代谢途径提高饲料的营养水平，能够大大提高饲喂动物的商业价值。

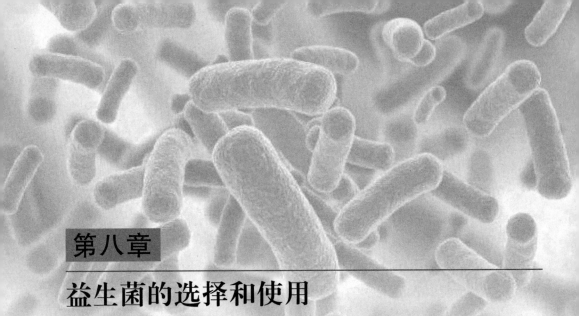

第八章

益生菌的选择和使用

使用益生菌的益处有：提高人体的免疫功能、缓解腹泻和便秘、提高营养物质在肠道内的消化吸收、改善肠道环境、促进肠道蠕动、增强人体排毒能力并使有害菌排出体外。益生菌作为药物辅助治疗剂和膳食补充剂包括多种不同的产品种类与形式，益生菌的选择和使用也就成为人们十分关心的问题。

一、如何选择益生菌

世界卫生组织（WHO）对于益生菌的使用，强调活性、剂量和健康益处。益生菌是否能发挥作用，取决于菌种的活性、剂量和安全性。

1. 选择优质菌种和菌株

选择益生菌时，要选择优秀的菌种。同类菌种中，也会有成千上万不同的菌株，只有那些优秀的菌种、强壮的菌株，才有顽强的生命力，确保活菌功效强大，最终抵达肠道发挥作用。虽然绝大多数商业化成功的菌株均是筛选自健康人体再进行培育，许多厂家可对外提供相同种类的益生菌，但是未经临床验证的菌种和菌株的作用是不可靠的。优秀菌种、优选菌株，是确保活菌功效强大的保证。生产益生菌的厂家很多，而只有那些研发历史久、技术成熟、设备完善的厂家生产的益生菌才值得信赖。一般说来，大品牌的益生菌，经过相关部门的严格检测，质量更有保障。另外，在选择菌株时要注意菌株号，菌株号是每一个菌种后面的英文及数字，如乳双歧杆菌Bi-07、乳双歧杆菌HN019、副干酪乳杆菌33，相同的菌种但是没有菌株号，也无法确定菌种的功效。

2. 需要科学的配方

益生菌从口腔经过胃酸、胆汁的重重考验到达肠道，想要快速起作用，就需要优秀的菌种和菌株以及科学的配方。不同的菌种、菌株有不同的功效，一般情况下，多联菌比单一菌的功效要更全面，益生菌服用时多菌种配合，效果更好。复配组方中，不同菌种及不同菌株功效各异，互为强化与补充，只有当多种菌种相互配合时，才能构建完善的肠道防御屏障。如果菌种的来源及品质一般，菌种单一，数量即便是几百亿，也只是个营销噱头。配料成分中，若添加益生元，会对益生菌在肠道中的增殖起促进作用，增加了益生菌的功效。

3. 安全性符合国家规定

属于保健食品范畴的益生菌制剂中添加的益生菌菌种是卫健委《可用于食品的菌种名单》或《可用于保健食品的真菌菌种名单》中规定的菌种及菌株。如益生菌要用于婴幼儿，需符合国家卫健委规定的《可用于婴幼儿食品的菌种名单》。在挑选益生菌时一定要查看菌种成分、菌株号，没有明确标注菌株号的不可选择。

4. 要有足够多的活菌数

国际上对益生菌的定义是活的、有足够数量并对宿主有益的菌种。益生菌想要达到有效的生物活性，就需要补充足够数量活的益生菌，否则，就不能保证最终到达大肠的活菌量，从而无法保证功效。益生菌的活菌数只有达到足够多的数量，才能更有效地到达肠道内定植、繁殖。目前单次补充的量基本上都是数以亿计的，每次需要服用足够数量的益生菌，至少补充50亿～100亿个以上。足够数量的益生菌才能补充或调节肠道菌群结构，才能具有一定的免疫调节能力。益生菌厌氧、怕高温，大多数在接触空气一段时间或超过40℃之后，就会失去活性。很多产品虽然宣传含有上百亿个益生菌，但多为出厂时的数量，经过运输、储存后，活性和数量都会大大减少。益生菌的有效性与活菌稳定性密切相关，而益生菌的存活能力和稳定性具有种属特异性。

要保证益生菌的活性，就要在产品的生产（包括菌种的筛选、生产环境、技术专利和包装等）、货架期的稳定性、食用后通过胃酸及胆盐的能力，以及在肠道定植的能力等各个环节都重视起来，才能够安然无恙地到达结肠。结肠的环境较适合细菌生存，是肠道细菌的主要栖息地。口服的益生菌在抵达结肠之前要经过两关：第一关是胃，胃液的强酸性和所含的消化酶能够杀死、消化掉大多数细菌；第二关是小肠，那里的胆盐和消化酶也会对细菌造成破坏，由于小肠的环境是碱性的，那些不怕胃酸的细菌到了小肠可能就适应不了。乳杆菌能抗胃酸，却难以抗小肠环境，而双歧杆菌则相反，不抗胃酸却抗小肠碱性环境。益生菌的代谢产物通常也具有生物活性，只有活的益生菌才能产生具有生物活性的代谢产物，起到益生的作用。

益生菌想要达到有效的生物活性，还要在肠道中定植、生存和繁衍下来。到达肠道的益生菌一部分定植在肠道上皮细胞表面，一部分随粪便排出。定植在肠道内的益生菌与致病菌竞争占位，阻碍致病菌定植和增殖。因此，肠道定植率越高，作用效果越显著。益生菌一般应能够黏附或定植于肠道，并且至少在肠道内存活一段时间以发挥其作用。一些饮料、补充剂，如传统酸奶虽然含有益生菌，但益生菌量不足，且"穿肠而过"，无法长期存留，虽有一定促进消化的作用，但想要补充能够黏附或定植于肠道的益生菌，还是建议选择专业的益生菌制剂。

5. 益生菌检测方法标准

我国食品中益生菌的标准检测方法主要有《食品安全国家标准 食品微生物学检验 双歧杆菌检验》（GB 4789.34—2016）、《食品安全国家标准 食品微生物学检验 乳酸菌检验》（GB 4789.35—2016）、《食品安全国家标准 食品微生物学检验 乳与乳制品检验》（GB 4789.18—2010）。

6. 益生菌制剂要有好的剂型

2001年3月中国卫生部发布了《卫生部关于印发真菌类和益生菌类保健食品评审规定的通知》（卫法监发〔2001〕84号），益生菌类保健食品评审规定第十条明确指出，不提倡以液态形式生产益生菌类保健食品活菌产品，因益生菌已经过科学实验认证液态存活非常难，且益生菌怕水，处于液态培养基内的产品在保质期内更容易发生变化和菌株变异。在购买益生菌的时候一般要选择冷藏运输，或者在超市冰柜等冷藏柜中的益生菌粉，而其他一些液态饮料以及网络销售的无冷藏运送的产品中的益生菌存活率非常低。为确保益生菌能抵抗胃酸而顺利到达肠道定植，世界各顶级研究机构进行了大量的研究后认为，将益生菌进行科学的包埋是目前最有效、最科学的方法。所以，优质的益生菌产品必须经过特殊的包埋技术处理，使通过胃环境的益生菌活着到达肠道，最后在肠道定植。考虑到防止菌体飞散、取食便利及延长保质期等因素，产品形式扩展成以胶囊、锭剂、粉剂、颗粒状等形式包装的菌体和发酵制品。有些菌株因临床实效作为医疗辅助用品而以药品形式出售。为更好保存益生菌，已出现了利用现代技术生产的益生菌，如真空冻干保护技术、微胶囊和包埋技术。

7. 选择适合自己的益生菌产品才有良好的功效

益生菌有很多种，但究竟哪些对人体真正有益需要经过大量临床验证。虽然研究证实益生菌有许多功效，但并不是每一种益生菌都具备所有功效，即便是同样的菌种也未必有相同的功效，这种功效一定要经过临床验证，因此益生菌的功效高度依赖于"菌株号的特定性"。益生菌功效具有"高度的菌株特定性"和"剂量依赖性"，就是说某一菌株的功效或治疗作用并不代表本属或种的益生菌都具有这一作用；不同菌种、不同菌株、不同的供应商、不同的菌株配比都可能有完全不同的功效，发挥作用所需的剂量也不同，同一菌株针对不同的疾病所需的剂量也有差异。选择益生菌也应该根据不同的功能需要来选择适合我们自己的益生菌产品。选择益生菌补充剂时，要注意用了哪个菌株、用量多大，特别是产品含有多个菌株时。不同菌株对人体的有益作用也是存在区别的。

8. 益生菌要有菌株号

所有益生菌都是按属、种、株三个层次划分的。益生菌的功效是以"菌株"为准的，没有菌株号的益生菌都是没有经过临床验证的。看外包装的说明，比如益蜜舒的益生菌菌株编号是罗伊氏乳杆菌GMNL-89，鼠李糖乳杆菌GMNL-74，嗜酸乳杆菌DDS-1，植物乳杆菌GMNL-141。卫生部发布的2011年第25号公告《可用于婴幼儿食品的菌种名单》，其中六种菌株中嗜酸乳杆菌NCFM、乳双歧杆菌Bi-07和鼠李糖乳杆菌HN001均为美国杜邦公司专有菌株。以动物双歧杆菌DN-173010为例，双歧杆菌是属，动物双歧杆菌是种，DN-173010是株，动物双歧杆菌DN-173010所具有的对消化系统的改善作用并不意味着所有的双歧杆菌都具有一样的功效。

二、益生菌怎么进食

益生菌的使用方式主要分为胃肠道使用、经腹腔或静脉注射等胃肠道外使用和体外直接使用，但主要是以口服方式补充益生菌。

1. 益生菌服用温度应低于40℃

低温以免活菌被杀死。服用时不要加热，粉剂的只能先冲入凉水，也可以倒入口中，直接冲凉水喝下。为保持菌群活性及浓度，建议每次冲调水量不超过80 mL，且冲泡完成后，在半小时内服用完。

2. 避开胃酸分泌高峰服用

益生菌产品虽然也可以单独食用，但最佳食用时间为饭后，最好在饭后20分钟后服用。因进入胃的食物可消耗大部分胃酸，饭后胃酸浓度降低，更有利于让大部分益生菌活着到达肠道发挥作用，否则即使是被选出的已确定能到达小肠的益生菌菌株也难免会遭受损失，令其功效打折。饭前1小时或饭后20分钟服用，都可避开胃酸分泌高峰，减少益生菌产品被胃酸伤害。不用果汁或牛奶送服，因为它们会刺激胃酸分泌。必须服抗生素时，应尽量先服益生菌，相隔半小时到一小时再服抗生素。益生菌制剂虽然是经过驯化的菌种，但仍然比较脆弱且不持久，需要经常补充，即使症状缓解，也应维持服用量一段时间。

3. 益生菌产品要分年龄阶段定制

众所周知，不同的年龄阶段需要不同的营养，而不同年龄段所出现的健康问题也不尽相同，解决办法各有侧重。0～6岁婴幼儿是一生中的"免疫不全期"，此时期胃肠功能、免疫功能尚不完善，机体抵抗力较弱，极易发生消化功能紊乱、肠吸收不良及感染性疾病。在此阶段通过补充益生菌维持肠道菌群平衡、保持益生菌的优势地位对婴幼儿的健康影响很大。随着年龄增加，肠内有害菌增多，中老年人的体内菌群开始出现失调，益生菌的数量在衰减。超过60岁后30%的老人肠道中几乎不存在双歧杆菌，老年人更需补充益生菌。因此，益生菌产品要分年龄段定制，使产品更能贴合不同年龄段的具体需要。

4.看活菌数含量

粉状益生菌中起作用的是活着的菌群，活益生菌才能起到调理肠道、提高免疫的功效。不同的活菌数量影响功效也不同。市面上有30万、50万、100万、50亿、120亿、300亿等活菌数含量的益生菌产品。人体摄入数量要高，但也不是越高越好，要根据厂家安全指示正确摄入。数量不够则会在粪便中检测不到，说明益生菌没能在体内繁衍，当然更无法去改变体内的菌群状况。

三、益生菌应用过程中的问题

益生菌，可以理解为"有益的、健康的细菌"，这意味着益生菌通常情况下都是有益于健康而不会导致疾病的。但这绝不等同于在任何情况下，益生菌都没有毒副作用。应用益生菌的患者多数无不良反应，仅有少数出现肠胃不适。但在临床应用益生菌过程中也发现，益生菌也可能导致机体产生不良反应，如细菌性和真菌性脓毒血症、促进有害代谢活动、过度刺激免疫、胃肠道反应及基因转移，尤其是在某些特殊人群中更需警惕益生菌可能引起的严重不良反应，如早产儿及免疫功能低下者。为降低益生菌在使用时的风险，应对预防、治疗等临床使用方面进行安全性评价，以助于临床用药，并作为临床实践指南制定、质量评价修订时的参考。

1.留意观察人体的反应

补充益生菌时要留意观察人体的反应，毕竟是外部添加的细菌，不同体质人群的适应能力不同，某些体质的人群可能会有些免疫反应。免疫系统对于由外部而来的益生菌有识别的过程，当外部直接添加益生菌时，不同体质的人可能会产生不同的反应。益生菌因菌种的不同而不同，可以根据想要预防或治疗的特定问题选择相应的菌种，有针对性地添加才能有针对性地解决问题。有的益生菌不能经受胃酸（强酸环境）和肠液（碱性环境）的腐蚀，使补充的益生菌无法活着到达肠道，更谈不上繁殖了。总之，益生菌不是万能良药，选择好适合的菌株，服用才会对身体有益，若用益生菌调节身体，应以长期补充为宜。

2. 避免与抗生素一起服用

若使用抗生素，需间隔2～4小时后服用益生菌。抗生素不仅会杀死有害菌也会杀死益生菌，因此在连续使用抗生素后，易发生肠胃菌群不平衡。实践证明，服用抗生素造成肠胃菌群不平衡后再服用益生菌不如两者同时使用的效果好，不过要记得服用时间间隔开。

3. 坚持服用会有较明显的效果

益生菌一般坚持服用10天以上会有较明显的效果，如巩固效果，最好连续服用1～2个月，并在之后保持良好均衡的饮食及生活习惯。服用初期发生一些腹胀、放屁、大便数量及次数增多甚至轻度腹泻的症状，都是肠道调节的正常反应，此时不应停止服用益生菌。所以如果开始服用益生菌，一定要坚持，特别是在初期，肠道菌群处于不平衡状态，太小的改变不会有很好的效果。坚持一段时间后，当肠道的菌群被调节到恢复平衡的时候，再酌情减量，这样效果会更好。虽然医学上已经发现了很多关于益生菌的作用，并且还在不断地研究益生菌的新作用，但因为每个人肠道微环境的不同和饮食习惯的差异，益生菌的疗效也存在差异。

4. 赫氏消亡反应

有些人在服用益生菌之初会出现类似病症加重（腹痛、多气、腹泻加重）的情况，持续几天后开始好转，其实这是"赫氏消亡反应"的典型体现。具体来说，造成这种现象的原因其实是新补充的益生菌和肠道中原有的有害菌战斗时，有害菌为了抵御益生菌的进攻，释放了大量毒素和代谢物，而这些毒素在对抗益生菌的同时，也对人体产生了好像病情加重的症状。例如补充益生菌可能出现消化道不适，如肠胃胀气、排气较多、大便不成形等症状。有些人还会出现腹泻、发热、寒战、头痛、皮肤出痘痘等多种不适的症状，这些症状恰恰说明益生菌正在发挥改善疾病的作用。事实上，80%以上的健康人服用益生菌时都不会出现"赫氏消亡反应"，这个反应多发生于肠道菌群已经失调的患者。服用益生菌产生的"赫氏消亡反应"通常时间很短，症状也不严重，一般不需要接受治疗。"赫氏消亡反应"最早是由奥地利皮肤病学家阿道夫·雅里希和卡尔·赫克斯海默尔两兄弟发现的一种现象，即皮肤病患者在接受治疗后，最初表现为皮肤症状有所加重，甚至出现高热、大汗、盗汗、恶心及呕吐等不良反应，持续几天至一周左右，病情开始趋于好转直至康复。

四、现代生活使健康人群体内的益生菌也在减少

益生菌是每个人机体内的必需品，人体内保持一定量的益生菌，才能维持肠道微生态系统的平衡。对于有身体疾患的人，其肠道菌群遭到了破坏，需要大量补充益生菌。而对于一个身体很健康的人，且同时保持很好的饮食习惯，其肠道内的菌群会处于相对健康的平衡状态，不需要特别地去补充益生菌。但是要注意的是，现代生活使健康人群体内益生菌也在减少。

1. 由食品补充的益生菌越来越少

由于环境的污染，食品上农药化肥的残留，饮食让我们摄入的益生菌数量越来越少。现在食品的销售网都比较发达，已经突破了地域的限制，同一款食品，走在哪个城市都有可能发现它的身影。因此，许多食品为保证不坏、不腐，会添加防腐剂、增稠剂、香精、香料等人工合成的添加剂。这些化学添加剂是益生菌的天敌，当它们进入体内后，对益生菌进行围剿和毒害，不利于体内益生菌群的生存与增殖。大龄生育、剖宫产、母乳喂养不足、人工喂养等使孩子先天性益生菌获得不足或被破坏。从母乳中可以分离出源自益生菌的类抗生素（细菌素），其能预

防婴儿胃肠道感染。母乳中含有活性益生菌，而大部分配方奶粉十分"干净"，不含益生菌，为此只能求助于外援益生菌。

2. 含氯的饮用水严重损害益生菌的生长繁殖

人们的饮水质量不断下降，大部分人喝的自来水，是经过自来水厂处理过的水，尤其是经过氯消毒处理后的水会有氯的残留，含氯的饮用水直接损害人体内益生菌的生长繁殖。

3. 疾病用药会消灭益生菌

由于各种各样的原因，我们每个人在一年中可能都会与药物打交道。可以说，整个社会已经对药物形成了依赖。药物的种类和数量逐年上升。是药三分毒，说的是一般中药，而西药大部分为化学合成的，毒副作用会更大。药物在杀死有害菌的同时，益生菌也被消灭殆尽，最终的结果是身体的肠道微生态平衡被破坏。

4. 工作压力大导致体内益生菌数量减少

我们已经基本告别了"日出而作，日落而息"的作息，现在全天候无障碍办公是我们工作的基本状态，加班、出差、旅行变得更加频繁。紊乱的生活规律、不健康的饮食等都导致正常菌群与宿主之间的相对平衡遭到破坏，菌群紊乱、失调，人体会因此出现腹泻、腹痛等症状。异样的身体更加重了工作压力，压力增大又会改变人体内的荷尔蒙平衡，导致人体内的益生菌数量减少。

以上是我们现在的生活状态，要想避免上述问题给我们带来的健康方面的危害，行之有效的方法之一是补充益生菌，调节肠道微生态平衡。2005年世界卫生组织指出肠道微生态失衡已成为全球化问题，而解决这一问题的最佳途径是在食品中添加一种叫作益生菌的物质。

五、婴幼儿服用益生菌的注意事项

以下几类婴童特别需要补充益生菌：免疫力低下、常生病的婴幼儿；

易便秘及腹泻的婴幼儿；抗生素治疗期间的婴幼儿；易过敏的婴幼儿；非母乳喂养的婴幼儿；脾胃虚弱、胃口不好的婴幼儿；剖宫产儿及早产儿。

　　家长给幼儿服用益生菌时需仔细甄别是否为婴幼儿允许服用的菌种、菌株。益生菌制剂由于配料单一，可能会添加一种或多种甜味剂、着色剂或香精，并不适合婴幼儿长期或过多食用。选购婴幼儿益生菌食品时，建议家长们首选知名大品牌和大型生产厂家的产品，注意查看预包装食品标签信息，特别是标示的菌种、菌株的具体信息，选择最适合自己孩子的产品。益生菌咀嚼片和胶囊类产品有服用方便的优点，但不适宜3岁以下的儿童食用，以免发生哽咽危险。合理补充添加了益生菌的各类婴幼儿食品，如婴幼儿益生菌配方奶粉、乳酸菌饮料、干酪、酸奶等，食用这类食品既能补充一定量的益生菌，也能获得丰富的营养，但需注意的是由于1岁以内婴儿肠胃发育尚未完善，不宜过早食用干酪、酸奶、益生菌饮料等产品。如补充益生菌配方奶粉，则应特别留意食品包装上标示的婴幼儿月龄段，进行科学选择。

六、服用益生菌的四个阶段

　　人类在不断寻找一种可以辅助抗生素、减弱其副作用的物质，而益生菌就是其中之一。一开始科学家发现用健康人粪便中的益生菌灌肠治疗可以抑制芽孢杆菌感染。随后，益生菌取之于体、用之于体的概念被广泛传播。大量的研究学者开始致力于研究和开发对人体副作用极小甚至无副作用的益生菌药物。但人们也发现当前的益生菌抗菌活性较小，将其开发成药物常常要和药物配合使用。为使益生菌在体内发挥稳定的药效，在治疗疾病的过程中发挥主导作用，服用益生菌要分步进行。

　　1. 第一阶段：竞争期（1～4周）

　　新补充的益生菌在这个阶段与肠道内已经存在的有害菌及中性菌竞争，这是肠道内细菌战争最惨烈的阶段，也是"赫氏消亡反应"发生的阶段。有害菌在竞争过程中，会释放大量毒素和其他代谢产物，来和益生菌搏斗并抑制益生菌的生长，这些毒素会对人体造成不适。当然，体内益生菌也会进行反击，它会释放大量的细菌素以及各种有机酸，进而消灭有害菌，维护身体健康。所以，有时有些副反应可能是一个好信号，说明益生菌起作用了，有害菌正在死亡。此时坚持服用益生菌，病情可能会逐渐好转，逐渐战胜有害菌。

2. 第二阶段：病症的缓解期（4～8周）

继续补充益生菌，就是在这场战争中不断补充援军，经过4～8周，益生菌在竞争中逐渐占据上风，此时肠道内的有害菌减少，所释放的毒素以及代谢产物也大大减少，同时补充的益生菌也会协助原有的益生菌共同生长与繁殖，共同作用，维护肠道健康。这一阶段人体会开始感受到病症的缓解。

为了缩短"赫氏消亡反应"症状，服用益生菌时期应增加水果蔬菜和粗粮的摄入，减少油腻食物的摄入，为益生菌定植营造良好的生存环境。由于生活、饮食习惯等各种原因，现代城市人的生活方式较容易使肠道菌群失衡，难以达到最佳状态，需要阶段性地补充益生菌。服用益生菌的大人和小孩，为了达到好的效果，至少需要坚持3个月。

3. 第三个阶段：巩固期（8～12周）

虽然益生菌在病症的缓解期会占据上风，但仍有一些有害菌在伺机而动。因此，需要继续补充4周的益生菌用来巩固优势。研究发现，益生菌加益生元是目前对付有害菌非常有效的办法。另外，肠道菌群严重失调的患者，服用益生菌至少要坚持到巩固期（即3个月）才有效。

4. 第四个阶段：稳定期（12周以上）

当益生菌在体内占有足够优势后，各种益生菌带来的正面效果才会逐渐体现出来。为了巩固这一效果，防止体内的有害菌（有害菌很难被完全杀死，多数处于休眠状态）卷土重来，健康专家建议服用益生菌12周后，可将益生菌摄入量减半服用，来巩固益生菌的疗效。

七、补充益生菌不能靠传统酸奶

传统酸奶是健康食品，主要是补充牛奶里的营养，如蛋白质和脂肪，但不一定能提供益生菌。传统酸奶被定义为细菌菌株发酵的牛奶，然而目前没有明确的证据证明，传统酸奶是否能给人体提供益生菌。传统酸奶发酵常用的是保加利亚乳杆菌和嗜热链球菌，因为它们是目前成本最低、最稳定的发酵菌群。保加利亚乳杆菌将乳糖变为乳酸，嗜热链球菌使奶增稠，最终形成酸奶特有的味道和黏稠感。但这两种菌在肠道内是一过性的菌株，发挥不了益生作用。传统酸奶作为发酵食品，营养价值甚至高于牛奶，是老人和儿童的理想健康食品。酸奶中营养素密集，含有钙、镁、维生素B_{12}等有益物质，且对没有碘强化的国家（如英国），它也是非常好的碘来源。我国与乳酸菌相关的标准明确规定，酸奶中活菌的数量要达到每毫升100万个以上，否则就不能保证最终到达大肠的活菌量，也就无法保证功效。但在目前市场条件的限制下，很难保证乳酸菌饮料到达肠道时益生菌的活性及数量。由于酸奶里面还含有大量的糖，一般不推荐作为益生菌食品使用。市面上销售的酸奶有各种脂含量的，大家会经常选择低脂的酸奶，但其实酸奶的脂含量有它特殊的作用，酸奶脂肪具有重要的感官特性，通过在酸奶中保留适量的脂肪，可以使酸奶得到美味的同时减少糖的添加。

含有益生菌的酸奶是在酸奶中添加有特定的益生菌，它们与保加利亚乳杆菌和嗜热链球菌不同，是有确切的临床试验数据证明，确定可以通过严酷的胃酸和胆盐环境，到达肠道并发挥益生作用的菌株。而标明含特定益生菌的酸奶才可能对肠道有保健作用。含有活的嗜热链球菌和布氏乳杆菌的酸奶，可以产生乳糖酶来帮助乳糖不耐受的人们消化乳糖。另外，酸奶里添加益生菌，只是借益生菌之名以增加酸奶的销量，但其添加的数量往往不足，加之包装普通和不严格的存放条件，能存活下来的益生菌少之又少。

第九章

益生菌的研究技术

肠道微生物数量庞大，组成结构复杂，绝大部分都是厌氧菌，传统的纯培养方式无法真实地反映菌群的多样性。高通量测序技术的出现，弥补了纯培养方式的缺陷，使得对复杂的微生物群落的研究进入了新纪元。人体肠道菌群结构复杂，参与人体重要的代谢与免疫反应。肠道菌群与宿主互利共生，协同进化，在长期的交流过程中形成了与宿主相契合的独特合作模式。因此，宿主体内的生理变化能够引起菌群的相应变化。要选择适合的益生菌增进健康，就要对人体内各种微生物种类和丰度进行分析，并包含基因功能的分析。这就促使了微生物群落分析方法的发展。

一、人体与益生菌的相关性研究

导致健康人体肠道菌群差异的主要因素包括人体的基因型、饮食差异、生活方式、环境因素等。以中国七个民族314个健康人体为研究对象的菌群定量试验发现，来自江苏、河南、四川、黑龙江四个省份的汉族人肠道菌群定量结果显示，黑龙江地区汉族人肠道菌群与其他三个省存在差异，而其余三省之间并未发现有显著差异。而在壮族、白族、哈萨克族、汉族等七个民族间进行肠道菌群数量对比时，发现各民族人群之间的菌群数量有显著差异。因此可以看出，基因型对肠道菌群结构的影响十分关键。除基因型之外，饮食也是塑造人体肠道菌群的主要因素，当饮食结构发生改变后，可以引起机体肠道菌群结构的显著性变化。动物性食品对机体肠道菌群的影响要比植物性食品对肠道菌群多样性的影响大得多，稳定的饮食结构也是构成稳定肠道菌群的基础。

二、益生菌菌种的选育

（一）益生菌选育技术

益生菌分布广泛，主要是动物肠道正常生理性菌和非肠道菌，研究其微生物群落及动态变化并对其中的核心微生物进行分析、揭示微生物的生理特性等就需用到微生物群落分析，微生物群落分析对于功能菌种的开发具有重要意义。目前，针对微生物群落的研究方法正在从最初的传统分离培养逐渐向工作效率显著提升的高通量测序转变。传统的培养法仅培养出约10%的肠道菌群，鉴定微生物非常有限，已不适用。随着研究技术的进步，分子生物学、16S rRNA高通量测序、宏基因组测序以及多组学结合的方法极大地促进了对肠道微生物的研究。传统的菌种筛选是从形态特征、生理生化反应、血清学反应等角度出发，方法原理都是基于微生物表面受体的特异性。伴随着生物技术的进一步发展，有越来越多的生物分析手段和菌种筛选方法得以发展，并应用到了益生菌筛选中。

1. 传统培养方法

传统培养的方法一般是利用多种培养基对微生物进行分离纯化，然后根据其生长特性、生理生化特征对分离菌株进行初步种属鉴定。此方法分离出的微生物种类一般低于整个体系的10%，对于非培养的微生物无法进行分析，不能完整地反映菌群结构和丰度，且工作量较大，样本不具备时间和空间的代表性。

2. 生物化学方法

生物化学方法包括磷脂脂肪酸（PLFA）分析和biolog技术，多用于土壤微生物群落分析，也应用于植物根际、空气、白酒窖泥和大曲等微生物群落研究。

磷脂脂肪酸是细胞膜的重要组成部分，与细胞的生物量呈正比，以此为生物标记，根据其种类、结构的差异以及含量就可以对物种和丰度进行分析，主要针对真菌、革兰氏阳性菌和革兰氏阴性菌。该方法对实验要求低，成本也较低，但脂肪酸和微生物之间的对应关系还未完全确定并且细胞死亡后磷脂脂肪酸会快速降解，影响结果的准确性。

biolog分析是基于微生物利用不同形式的碳源进行生长代谢，选择不同的微平板（MT，GP，GN，ECO，FF等），根据颜色反应即可分析微生物群落的多样性。此方法自动化程度高、简单迅速，但仅能检测到生长迅速的微生物，且微平板的选择和培养方式会影响结果的准确性。

3. 分子生物学方法

与传统培养方法相比，分子生物学方法能够对可培养和不可培养的微生物进行研究，主要包括聚合酶链式反应变性梯度凝胶电泳（PCR-DGGE）、末端限制性片段长度多态性技术（T-RFLP）、克隆文库、核酸杂交、实时定量PCR（RT-PCR）、高通量测序等技术。聚合酶链式反应变性梯度凝胶电泳通过提取样本的总基因组，利用聚合酶链式反应（PCR）扩增目的基因，凭借聚丙烯酰胺凝胶中不同浓度梯度的变性剂，分离大小相同、碱基序列不同的扩增产物片段得到指纹图谱，对条带进行测序、比对和物种鉴定。此方法的应用范围较广泛，包括食品、口腔、肠道、土壤、活性污泥、生物膜等，可以迅速对多个样本同时分析，稳定性高、重复性强。但无法检测500个碱基对以上的DNA片段，且图谱条带数量有限，只能显示出样本中占优势的微生物，很难检测到其中的低丰度菌种。

核酸杂交主要根据碱基互补配对原则，以特异性标记（放射性元素、荧光）的DNA片段作为探针，与样品中的DNA或RNA进行杂交形成杂合分子，经仪器检测定量。其中，荧光原位杂交（FISH）应用较多，通过荧光显微镜或流式细胞仪可以直接对物种丰度进行检测。此方法检测迅速，特异性强，但自动化程度较低，探针的设计要求较高，主要应用于食品、白酒窖泥等的样本检测。RT-PCR则是根据荧光染料或荧光标记检测聚合酶链式反应产物的荧光信号并进行定量分析的方法。此方法方便快捷、特异性强，能同时分析多个样本，但由于检测体系较小，DNA质量和聚合酶链式反应的反应条件等均会造成测定误差，目前主要应用于水体、土壤、肠道等的样本检测。

高通量测序技术主要包括454焦磷酸测序和宏基因组测序，能够读取数百万个DNA片段并且同时分析多个样本。宏基因组测序是直接提取样本中可培养和不可培养的微生物的总基因组构建文库后，进行鸟枪法测序，除了可以对微生物种类和丰度进行分析以外，还包含了基因功能分析，是目前使用最广泛的测序技术，可进行食品、口腔、肠道、皮肤、土壤、海洋、沉积物等众多样本的检测。

（二）益生菌菌株筛选

益生菌的筛选通常是根据菌株的生长特性、生理生化特性、代谢特性及对不同人群营养与临床病理的影响分析等设计合适的筛子，将目标菌株从样本中筛选出来，并加以验证、评价和安全性分析等。微生物菌株的高通量筛选（HTS）是一种自动化，大规模筛选目标菌株、细胞、药物等的技术，被广泛运用于菌株选育，因其筛选样本的多样性，可应用至益生菌不同种属和菌株的筛选。高通量筛选过程中的分析检测主要包括菌体生长情况及其代谢特性，如营养缺陷型、耐受性、水解圈、显色圈、抑菌圈，以及目标对象的荧光性或显色性等。上述方法中的显色原理可进一步结合益生菌菌株细胞的生理特性进行高通量筛选方法的设计与优化。

（三）益生菌功能强化

在现代工业中，生物发酵具有转化效率高、生产安全性高、原材料来源广泛等诸多优点，益生菌作为优良的微生物细胞工厂被广泛应用于相关产品的生产。由于益生菌在发酵生产过程中面临着来自外界环境的多种胁迫，如生产加工过程中的酸胁迫和氧胁迫、运输储存过程中的温度和水活度胁迫，以及在人体胃肠道中经历的胃酸和胆盐胁迫等，严重影响益生菌的生长、生理功能以及代谢活性，进而影响了其益生功能的发挥。如何提高益生菌对环境胁迫的耐受性，强化益生菌功能，成为目前亟待解决的问题。目前的研究策略主要分为两大类，分别为传统进化工程策略，以及基于系统生物学和反向代谢工程的功能强化策略。

（四）进化工程强化策略

进化工程策略是一种生物学研究中较为常用的改善生物特性的方法，主要包括诱变技术、适应性进化和基因组改组等。随着全基因组测序的快速发展，适应性进化策略与基因表达和代谢通量分析的结合使以遗传为基础的改良表型鉴定和这种表型在菌株之间的传递成为可能。目前，对具有特定性质的微生物细胞进行快速、高效、大规模的筛选是现在益生菌强化过程中的关键技术。

1. 物理和化学诱变

诱变技术主要分为化学诱变和物理诱变。大多数化学诱变剂都是碱基类似物、碱基修饰物和移码诱变剂。物理诱变法主要利用紫外线、α射线、β射线和γ射线等。常规的诱变方法在一定程度上易于操作并可提高抗性突变率。如以干酪乳杆菌LC2W为出发菌株，进行亚硝基胍、紫外诱变，筛选得到的诱变菌株LC2W-NTG-12和LC2W-UV-11表现出高产酸及耐酸性能。常压室温等离子体诱变（ARTP）是近年来新型的物理诱变方法，具有更高的突变率并可能导致多种复杂类型的DNA损伤和突变。由于通过单一诱变方法难以筛选获得高突变率的有益菌株，实际应用中往往采用结合不同致突变方法的复合诱变进一步提高突变效率。

2. 适应性进化

适应性进化是利用环境压力，对微生物进行逐步驯化和筛选，最终获得抗性显著增强的菌株的过程，具有较强的进化目的。适应性进化与传统的诱变技术相比需要较长的时间来积累连续突变，突变的方向和性质可以通过适应性进化方法来控制。通过适应性进化获得的菌株性能优良且稳定，因此该技术广泛应用于耐受性益生菌的筛选。

（五）基因组改组

近年来基因组水平进化的研究备受关注，基因组改组是继适应性进化后新发展起来的一种定向进化技术，通过将传统的诱变与原生质体融合技术相结合，大幅度提高了微生物的正向突变频率，进而在微生物育种中得到了广泛的应用。基因组改组的原理是对微生物全基因组进行重排，通过传统的诱变方式获得拥有多个正向突变的突变体库，以获得的突变体库为亲本进行原生质体融合，使基因组发生交换重组。经过递推式多次融合，将正向突变集中重组到最终获得的目标菌株中。基因组改组已被成功应用于原核生物和真核生物中，并且选育的菌株具有遗传稳定性。

（六）基于系统生物学和反向代谢工程的功能强化

进化工程策略广泛应用于提高菌株的代谢表型，然而在了解表型与基因型之间的相关性方面尚存在较大的局限性。为了解决这一问题，可使用系统生物学和反向代谢工程相结合的方法快速整合形成"表型-基因型-表型"的重组菌株。首先，通过进化工程策略如适应性进化获得表型菌株。其次，通过系统生物学对表型相关的基因表达进行全面的分析，如基因组学、转录组学、蛋白质组学和代谢组学分析。最后，通过反向代谢工程的方法对表型的相关基因进行修饰。常规技术包括过量表达或敲除靶基因。一方面，常通过使用高拷贝质粒或强启动子增强目的基因的转录水平；另一方面，可以通过直接将目标基因弱化或敲除来降低基因的转录和表达水平。近年来，不同进化策略已能够帮助研究者得到理想的表型菌株。快速发展的系统生物学和反向代谢工程使人们对菌株表型的认识更加深入和全面。同时，组学技术被广泛应用于揭示进化株的表型机制及相关信息。采用反向代谢工程方法可以进一步强化应变性能。

三、益生菌制剂的研究

经过上述进化工程策略和反向代谢工程策略得到的特定表型且功能强化的益生菌株不能长时间储存，且难以通过胃肠消化道中胃酸和胆盐的考验，而无法定植于肠道中发挥益生作用。因此，需要对益生菌进行制剂化研究来使其能克服重重困难，达到预期的益生效果。

常见益生菌主要源自革兰氏阳性的乳杆菌属、乳球菌属、双歧杆菌属及部分酵母，其菌体制剂分为液体制剂和固体制剂。液体制剂是通过传统发酵培养并最终获得益生菌菌液的制剂产品，固体制剂则由益生菌经增殖后，通过冻干、喷雾干燥或包埋等手段加工成固体制剂形式。液态制剂随着保藏时间的延长易受污染或菌种退化，使用前需活化培养和扩大培养，而固态菌剂可直投，发酵前不需扩大培养，保藏费用较低。

目前，制作益生菌固体制剂的工艺常有真空冷冻干燥、喷雾干燥、流化床干燥、微波真空干燥等。真空冷冻干燥适用于热敏性益生菌的干燥，菌体亚细胞损伤少、活菌率高，但易受预冻温度、冷冻速度和真空度等因素影响，耗时长、费用高。流化床干燥的干燥时间较长，当物料停留时间不均匀时，存在干燥不均匀等情况。微波真空干燥时极性分子（如菌体水分）随微波频率做同步高速旋转，物料瞬时产生摩擦热，导致物料表面和内部同时升温，使大量菌体水分子逸出，实现干燥，但存在微波分布不均匀、温度一致性不好等问题，且无法实现规模化操作。喷雾干燥是直接将制备好的菌悬液经过雾化装置喷成雾状，并在干燥室内与高温空气直接接触进行传热传质，干燥时间极短、物料温度较低、产品分散性和溶解性较好、过程简单、设备成本相对较低，特别适用于工业化连续生产，在药品、食品领域被广泛使用。

益生菌微胶囊制剂化发展情况如下：

1. 包封材料

微胶囊技术是指将气体、液体、固体物质利用高分子材料包裹起来，起到保护包裹物质，形成半透明或不透明壳状微粒的技术。被包埋进行保护的物质称为芯材，而实现微胶囊的材料称为壁材。壁材主要分为碳水化合物类、胶类、多聚糖类、蛋白类和纤维素类等。壁材的选择需要根据芯材益生菌、微胶囊所应用的环境、释放机制，以及储存条件来进行确定。由于是将益生菌活细胞进行封装，壁材的毒性与芯材的相容性都需着重考虑，同时在应用于工业中时，壁材的价格以及微胶囊所采用的工艺技术也同样需要重点考虑。例如将嗜酸乳杆菌以喷雾干燥法进行微胶囊化，可提高在肠胃中的存活率，宜使用脱脂牛奶和甜乳清作为包封材料；将乳酸杆菌以离子凝胶法进行包埋，以耐60～70℃的高温，则宜使用褐藻酸、氯化钙和壳聚糖作为包封材料。

2. 微胶囊制备方法

目前在国内工业中广泛应用的益生菌制剂化方法主要为传统微胶囊

制备法，包括挤压法、乳化法、喷雾干燥法和喷雾冷冻干燥法。其中喷雾干燥法，因其速度快、设备技术成熟而得到广泛应用，但在制剂化过程中高温步骤会造成益生菌的热灭活，因此需要添加相应的保护剂来尽量减少益生菌的热灭活，常用的保护剂为低熔点脂肪、糖、脱脂牛奶、海藻糖、淀粉、纤维等。微胶囊技术具有广阔的应用前景，但传统的制剂化技术未能够制造出完全满足人类需求的微胶囊，且操作繁琐，对益生菌损伤较大，因此需要在传统方法的基础上进行改良或开发新方法来解决这些问题。近年来也涌现出很多新兴微胶囊化方法。新兴微胶囊制备方法正向着设备精简、包覆率高、结构可调控、功能多样化等方向发展，以此来降低细胞的损伤或死亡。

四、益生菌保健功能的研究

益生菌在使用前通常须经四步来完成一些研究数据，即试管测试、模拟器、动物模型（验证其安全性）和临床研究（验证其健康效果）。其中必备的研究数据包括：① 对酸和胆汁的抵抗力；② 对人体肠道细胞的吸附；③ 消化摄入的安全性；④ 对病原体细菌的抑制；⑤ 在结肠的短暂定植；⑥ 证实健康效果的临床研究；⑦ 技术条件。

虽然有关益生菌保健功能的研究已有许多报道，但总体而言，对益生菌保健作用的研究仍然不充分，主要表现为：① 作用机理未完全阐明；② 某些研究所得的结论尚不明确；③ 研究的结论来自不同的症状、人群、方法、菌株及剂量；④ 缺乏有针对性的人群跟踪观察；⑤ 微生态制剂发挥作用的确切机制有待于进一步阐明。

目前，大量的研究证实，益生菌通过促进人体特别是肠道的健康来发挥着改善精神健康状况、降低胆固醇、分泌降压物质、改善人体胰岛素水平、调节免疫因子辅助过敏治疗、辅助治疗癌症用药所致的肠道疾病及初期病症筛查等作用。益生菌对多种疾病展现出良好的诊断、预防和治疗作用，使得益生菌临床制剂的开发成为当前研究热点，并取得了可喜的进展。但目前益生菌的使用仍存在一定的局限性，如益生菌作为活菌制剂需定植于机体内从而发挥作用，由于地域、环境条件、饮食习惯等的差异，益生菌制剂在体内的定植状况也具有较大的个体差异。在后续的研究中，可进一步通过动物模型及临床验证肠道菌群的组成、结构及功能相互作用分析，结合多组学联动分析，深入开发益生菌的功能与应用。同时，可进一步通过诱变、适应性进化、反向代谢工程等策略及新型技术强化优选益生菌菌株的生理性能，实现优良益生菌的高效筛选和性能强化，并结合制剂化技术保证益生菌产品的应用效果，促进益生菌相关产业的快速发展。

虽然目前在诸多研究中均未发现益生菌有大的不良反应，但摄入的益生菌是不能永久定植的。益生菌可以在肠道中生存一段时间，为有益菌的生长创造良好的环境。但由于各研究采用的菌株不同、剂量不同，得出的结论也有差别。不同菌株、不同剂量、不同的联合食用方法对人体作用的差别是将来的研究需要关注的问题。未来的研究方向主要有：体外研究益生菌方法和技术的完善；益生菌的大规模生产；研究益生菌在胃肠道的作用机制；评价益生菌对胃肠道疾病、胃肠道感染和过敏的作用；评价益生菌在健康人群中的作用；提高益生菌产品的稳定性；提高益生菌的生存力等。还要综合利用传统纯培养结合宏基因组学、宏转录组学、宏蛋白质组学和代谢组学等技术方法，精准定位发酵食品中有益微生物菌群的分布，发现益生菌在传统发酵食品的自然发酵过程中的重要作用，特别是根据构建的微生物代谢网络体系、益生菌主要代谢通路、蛋白质相互作用和风味物质代谢图谱，探索益生菌与其风味和品质的相关关系。

第十章

复合益生菌

益生菌的应用以复合益生菌为佳，应该是菌种有保障，菌株活性强，随菌种一起的营养物质充足，常温下稳定可储存，科技含量高的产品。最关键的还是要看服用后菌种的活性与其在肠道中的定植率。因为益生菌要能在肠道中定植，并且活力充沛，才能与有害菌进行顽强的抗争，最终取胜。益生菌的定植率取决于我们给菌种穿的"防护衣"，菌种的活性则由营养素益生元提供。益生菌是活的微生物，就像任何其他活的生物一样，必须有足够的食物和养分供给，这是决定益生菌功效的关键因素之一。菌种是益生菌产品竞争力的核心，但目前我国与国外相比还有些差距，主要是缺乏具有自主知识产权的菌株。

（一）复合益生菌选用的菌株

复合益生菌产业的核心要素包含菌种的获得、复配和稳定制剂的加工等，如干酪乳杆菌Lc-11、嗜酸乳杆菌NCFM、乳双歧杆菌Bi-07、两歧双歧杆菌BB06和嗜热链球菌St-21这五种有肯定功效的菌株复配的复合益生菌。复合益生菌对维持肠道微生态平衡有着重要的意义。

根据已有的文献报道，将以上复合益生菌选用的五种菌株的功效分述如下：

1. 两歧双歧杆菌BB06

两歧双歧杆菌BB06虽然被开发的时间不长，但它具有两歧双歧杆菌的特性，具有独特的黏蛋白降解特性和多种益生功能。两歧双歧杆菌具有黏附肠道上皮细胞，保护肠道黏膜免疫应答并抵抗炎症的能力，其可抑制病原菌对肠道细胞的黏附和生长，防止下痢和胃肠障碍，治疗慢性腹泻；两歧双歧杆菌制剂可以抑制产生毒素的有害菌数量，从而对肝脏患者起到良好的治疗作用；两歧双歧杆菌还可以影响胆固醇的代谢，将其转化为人体不吸收的类固醇，降低血液中胆固醇的浓度，抑制脂肪细胞的功能，降低血液中胆固醇水平，因而对高血压和动脉硬化有一定的防治作用；两歧双歧杆菌在人体肠道内发酵后可产生乳酸和醋酸，合成多种维生素，能提高钙、磷、铁的利用率，促进铁和维生素D的吸收；两歧双歧杆菌还具有免疫调节功能，减少上呼吸道感染和过敏症状的发生。

2. 乳双歧杆菌Bi-07

乳双歧杆菌Bi-07为专性厌氧益生菌，可用于改善人体宿主肠道菌群的生态平衡，促进胃肠道健康。乳双歧杆菌Bi-07具有增强细胞免疫、体液免疫及NK细胞活性的作用，对促进人体肠道的消化吸收及通畅，改善肠道微生态环境和肠道短链脂肪酸均具有显著的效果。

乳双歧杆菌常常大量存在于母乳喂养的婴幼儿的肠道中，在胃酸和胆汁盐的环境中有高度耐受性，可改善肠道微生态环境，调节肠道功能素乱，提高肠道机能，缓解腹泻和便秘。在肠道中保持高比例的乳双歧杆菌可提高免疫力，有利于健康，与其他益生菌配合使用可减轻服用抗生素后对体内益生菌的伤害，维持肠道中双歧杆菌的水平。

乳双歧杆菌Bi-07还常与嗜酸乳杆菌NCFM联合使用，摄入含嗜酸乳杆菌NCFM和乳双歧杆菌Bi-07的复合益生菌补充剂可增强免疫功能。

3. 嗜酸乳杆菌NCFM

嗜酸乳杆菌NCFM在20世纪70年代初期就被分离出来，应用广泛。嗜酸乳杆菌NCFM是嗜酸乳杆菌种类中第一个基因组被成功排序和注解的菌株，并对它的基因进行了研究，包括细菌素生产，糖、乳糖和益生元的新陈代谢，以及对于生物相关压力如酸和胆汁盐的忍受能力。嗜酸乳杆菌NCFM已被证明是安全的且适于人类食用，它能够增强免疫防御系统，减少导致结肠癌的风险。嗜酸乳杆菌NCFM能够大大减少由小肠细菌过度生长导致的血液中毒氨含量的升高。当每天补充足够数量的嗜酸乳杆菌NCFM，能够改善乳糖不耐症患者的乳糖吸收；嗜酸乳杆菌能够减少肠道内有害菌数量，抑制病原菌，恢复肠道微生态平衡，释放有益于双歧杆菌等其他益生菌生长的物质，提高肠道内益生菌的数量和生存力；嗜酸乳杆菌能够改善小儿腹泻的症状，有潜在的免疫调节功能；嗜酸乳杆菌还具有血糖调节功能，帮助宿主保持胰岛素敏感性，减少系统性炎症效应的发生。嗜酸乳杆菌分泌物还能抑制幽门螺杆菌的生长。为充分发挥嗜酸乳杆菌的健康功效，人们必须连续补充含嗜酸乳杆菌的活菌制品，每天摄入$10^8 \sim 10^9$个嗜酸乳杆菌。

4. 干酪乳杆菌Lc-11

干酪乳杆菌作为具有益生功能的微生物发酵剂被广泛地用于食品发酵中，具有降血压、调节肠道菌群和提高机体免疫力等作用。干酪乳杆菌Lc-11非常适合在肠内存活和发挥作用，具有良好的耐酸及胆盐抗性；干酪乳杆菌Lc-11可降低血浆胆固醇，能抑制肠道内常见的有害菌，增强人体免疫力及对微生物病原体的非特异性抵抗力；干酪乳杆菌Lc-11能加快清除肠道内病原体，治疗肠道菌群紊乱和增强肠道透性，从而改善食物过敏和急性腹泻；干酪乳杆菌可使抗氧化低密度脂蛋白抗体和淋巴细胞增加，使粒细胞的噬菌作用明显增强，对宿主进行免疫调节，防止肿瘤的产生；干酪乳杆菌对肠内上皮细胞系（Caco-2）细胞有很强的黏附性，能抑制常见的病原体，可减少服用抗生素对体内益生菌的伤害。干酪乳杆菌Lc-11已在许多益生菌产品中被应用，如嗜酸乳杆菌NCFM、乳双歧杆菌Bi-07以及干酪乳杆菌Lc-11组合使用，通过改善肠道微生态环境，提高机体的免疫能力，从而有效减少流感发生、减轻感冒症状、缩短感冒持续时间、减轻抗生素的副反应。

5. 嗜热链球菌St-21

嗜热链球菌St-21可改善肠道微生态环境，降低肠道pH，促进肠蠕动防止病原菌定植，分泌细菌素抑制病原菌的生长，从而维持肠道菌群的平衡。嗜热链球菌St-21能产生β-半乳糖苷酶，帮助乳糖的消化，已在许多益生菌产品中应用。

（二）复合益生菌的优点

（1）专利菌种。选用的菌种应有专利保护和专门的肠道模拟器进行益生菌的研究；具有完善的益生菌筛选、培养及机能评价机制；有专利技术保证益生菌的高活性。

（2）多菌联合。复合益生菌的特点是高活菌含量，多菌株组合，综合效果超过每一种菌株单独使用的效果。

（3）专利冷冻干燥盐包埋技术。复合益生菌不但能常温保存，而且可确保到达肠道作用地点的有益菌数量和高定植率。由于菌株经冷冻干燥，益生菌细胞是处于"休眠"状态，代谢上不活跃，使用的稳定保藏专利技术使产品品质可靠，不用担心失活。微胶囊化包埋可创造一个良好的厌氧微环境，与氧气等外界不利因素分开，形成近似球状的微小颗粒，便于作冲剂使用，且避开胃酸保证尽可能多的活菌体到达肠道，保持活性，提高定植率。

（4）添加多种益生元、发酵粉及抗性糊精。"益生菌+益生元+复合果蔬发酵粉+抗性糊精"的组合，使益生菌活性更强且高效定植，存活率达85%，定植率达75%，同时能促进人体对各种营养物质的吸收与利用。添加80余种复合果蔬发酵粉和多种优质益生元，给益生菌菌种提供了充足的养分和食物，能够强健益生菌的体质、强大益生菌的队伍、保障益生菌的活性，为肠道乃至整个机体的健康提供坚固的屏障。特别添加的抗性糊精，是一种有稳定抑制餐后血糖上升和降低胆固醇作用的益生元，有利于调节Ⅱ型糖尿病患者的空腹血糖及血脂。复合益生菌不仅能很好地调节肠道菌群，维持肠道微生态平衡，长久服用后，还能调节血糖、改善气色、美容、减肥、增强免疫力、修复受损器官及组织，兼具靶向定植、高活性、宽维度的特点。

"大健康"是随着时代发展、社会需求和疾病谱的改变提出的一种涉及生理、心理、社会、环境和道德等方面的全局健康理念。美国著名经济学家保罗·皮尔泽认为，大健康产业是继IT产业之后的全球"财富第五波"，具有广阔的市场前景。随着《"健康中国2030"规划纲要》的颁布，以"共建共享、全民健康"为战略主题，推进健康中国的建设，预示着中国大健康产业时代的来临。大健康产业的概念已从依赖抗生素等药物的单一救治模式转向"防-治-养"一体化模式，缓解因抗生素滥用对人类健康和生态环境造成的严重威胁。随着世界科学技术的飞速发展，生物领域的各项成就也源源不断地涌现，用生物疗法代替化学药物疗法一定将获得重大突破，用生物疗法预防和医治人类各种疾病，特别是老年慢性病方面期待取得更大的进步。随着对益生菌研究的不断深入，新科技手段的不断出现，益生菌将在生物治疗方面扮演着更为重要的角色，成为人类普遍接受的预防和治疗疾病的重要手段，能够真正地提高人们的身体素质和生活质量，造福全人类。

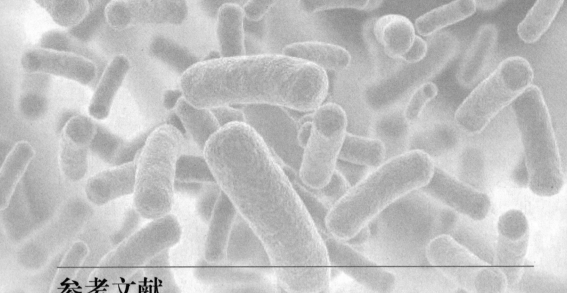

参考文献

1. 林娟. 益生菌联合美沙拉嗪治疗溃疡性结肠炎的疗效和安全性探讨[J]. 基层医学论坛, 2019, 23 (5): 641—642.

2. 王融, 邵祎妍, 林佳佳, 等. 肠道菌群与益生菌在衰老及其调控中的研究与应用[J]. 生命科学, 2019, 31 (1): 80—86.

3. 吴婧楠, 刘绍兰, 杨建勋. 益生菌抗真菌作用机制研究进展[J]. 中国微生态学杂志, 2019, 31 (1): 116—119.

4. 闫芬芬, 李娜, 李柏良, 等. 益生菌对 II 型糖尿病影响的研究进展[J]. 食品科学, 2019, 40 (21): 295—302.

5. 张娟, 陈坚. 益生菌功能开发及其应用性能强化[J]. 《科学通报》网络首发论文, 2019 (3): 246—259.

6. 翟云, 托娅. 益生菌的免疫调节作用及其相关应用研究进展[J]. 中国微生态学杂志, 2018, 30 (2): 235—239.

7. 杨波, 陈道荣. 肠易激综合征发病影响因素的研究进展[J]. 山东医药，2018，58（9）：102—105.

8. 孙倩，万向元. 益生菌缓解高血脂和高血糖的研究进展[J]. 河南工业大学学报（自然科学版），2018，39（6）：125—132.

9. 孙庆申，周丽楠. 益生菌类保健食品研究进展[J]. 食品科学技术学报，2018（2）：21—26，34.

10. 萧佩玉，曾子玲. 益生菌联合黛力新治疗肠易激综合征疗效分析[J]. 北方药学，2018（12）：67.

11. 谷献芳，李洁. 益生菌对婴幼儿湿疹及特应性湿疹预防作用的系统评价[J]. 河南预防医学杂志，2018（2）：87—88，93.

12. 陈玉林，张婷. 益生菌治疗腹泻型肠易激综合征的疗效及对肠道菌群的影响[J]. 临床医学研究与实践，2018（26）：21—22.

13. 周小戈，杨克戈，周思君. 益生菌对改善炎症性肠病患者焦虑及抑郁的疗效[J]. 深圳中西医结合杂志，2018（20）：105—106.

14. 杨波，哈小琴. 益生菌、益生元对慢性肾脏疾病治疗的研究进展[J]. 中国微生态学杂志，2018（5）：608—612.

15. 周韩菁，朱菡，姚颖. 益生菌干预：慢性肾脏病治疗的新策略[J]. 中国医刊，2018（9）：953—957，948.

16. 张晓辉，高仁元，秦环龙. 肠道菌群与慢性病发生发展的研究进展[J]. 上海医药，2018，39（15）：3—8，36.

17. 高宇航，夏敬胜. 益生菌临床应用的研究进展[J]. 世界最新医学信息文摘，2018（80）：98，100.

18. 刘海燕，祁艳，谭俊，等. 肠道益生菌对骨质疏松症影响及其机制的研究进展[J]. 工业微生物，2018（12）：64—68.

19. 何小平，张孟，戴承恩，等. 益生菌临床应用的研究进展[J]. 中国新药与临床杂志，2018（3）：130—135.

20. 黄文丽，夏永军，艾连中，等. 益生菌降血脂作用及机制研究进展[J]. 工业微生物，2018（4）：63—70.

21. 魏长浩，邓泽元. 益生菌及其应用研究进展[J]. 乳业科学与技术，2018（1）：26—32.

22. 郑晓卫，沈雪梅，张子剑，等. 益生菌在血糖调控中的研究进展[J]. 中国微生态学杂志，2018（2）：222—228.

23. 王志斌，信珊珊，丁丽娜，等. 降糖药物对肠道菌群结构组成的影响[J]. 现代预防医学，2018（12）：2145—2148.

24. 吴少辉，魏远安，吴嘉仪，等. 益生元精准化研究进展[J]. 食品科学，2018，39（9）：333—340.

25. 朱元民，李琳. 肠道菌群研究进展对相关疾病诊治的新认识[J]. 世界华人消化杂志，2017，25（23）：2095—2101.

26. 谢玲林. 肠道菌群与疾病关系的研究进展[J]. 基因组学与应用生物学，2017（11）：4570—4573.

27. 肖永良. 大病小灾不断 原来是肠道菌群惹的祸[J]. 中国食品，2017（3）：154—156.

28. 吴莉娟，刘铜华. 肠道菌群在肥胖发病中的地位与作用[J]. 世界科学技术-中医药现代化，2017（9）：1572—1579.

29. 刘柳，牟维娜，刘元涛. 肠道菌群和肥胖的关系及其相关机制[J]. 齐鲁医学杂志，2017（2）：249—252.

30. 鄢和新，秦晨捷，张会禄，等. 肠道微生态与肿瘤研究进展[J]. 生命科学，2017（7）：630—635.

31. 耿培亮，王朝阳，任学群. 肠道微生态与肿瘤的关系[J]. 河南大学学报（医学版），2017（2）：133—139.

32. 马晨，张和平. 益生菌、肠道菌群与人体健康[J]. 科技导报，2017（21）：14—24.

33. 张丹. Ⅱ型糖尿病与肠道菌群的关系[J]. 世界最新医学信息文摘，2017（81）：252—253.

34. 谢玲林. 肠道菌群与疾病关系的研究进展[J]. 基因组学与应用

生物学，2017（11）：4570—4573．

35．吴莉娟，刘铜华．肠道菌群在肥胖发病中的地位与作用[J]．世界科学技术-中医药现代化，2017（9）：1572—1579．

36．刘柳，牟维娜，刘元涛．肠道菌群和肥胖的关系及其相关机制[J]．齐鲁医学杂志，2017（2）：249—252．

37．张隽娴，李静，铭勇．细菌素的研究与应用进展[J]．绿色科技，2017（18）：74—78．

38．范海洋．益生菌对窒息新生儿应激反应及肠道通透性的影响[J]．临床医药文献电子杂志，2017（89）：17526—17527．

39．方皓，冯海然，杨正德．益生菌在轻微肝性脑病中的治疗价值[J]．肝脏，2016（6）：521—522．

40．张凌玲，王素娟，龙再菊，等．益生菌对肠易激综合征患者肠道微环境及免疫功能的影响[J]．现代生物医学进展，2016，16（28）：5552—5555．

41．高璐，于锋，王坚．益生菌制剂在慢性肝脏疾病中的应用进展[J]．中国药房，2016，27（3）：426—429．

42．于婧，夏永军，王光强，等．益生菌及益生元调节骨代谢的研究进展[J]．工业微生物，2016（3）．

43．张颜廷，Joerg J，Jacoby L，等．益生菌制剂对钙缺乏骨质疏松症的防治[J]．中国骨质疏松杂志，2016，22（1）：45—48．

44．应杰，徐致远，刘振民．冻干嗜酸乳杆菌NCFM在发酵乳中的应用研究．食品工业，2016（10）：151—154．

45．李增烈．益生菌在治疗上的新贡献[J]．家庭医药，2015（10）：80—81．

46．赵娜，刘鑫，石和平，等．乳酸菌抗菌物质分类及作用机理[J]．农产品加工，2015（10）：58－60．

47．孙雯娟，张波，李大魁，等．益生菌制剂的发展现状与临床应用进展[J]. 中国医院药学杂志, 2015（9）: 850—857.

48. 潘琳, 邵玉宇, 孟和毕力格, 等. 肠道菌群与疾病的关系[J]. 中国乳品工业, 2015（5）: 32—37.

49. 杨异卉, 李玲, 黄海丽, 等. 肠道菌群与疾病的关系[J]. 药学研究, 2015（6）: 353—356.

50. 孙博喻, 张冰, 林志健, 等. 肠道菌群与代谢性疾病研究进展[J]. 中国糖尿病杂志, 2014（7）: 662—663.

51. 刘金安. 国内益生菌制剂临床应用状况分析[J]. 大家健康（学术版）, 2014（6）: 173.

52. 胡学智. 益生菌、益生元和消化酶[J]. 工业微生物, 2014（6）: 60—68.

53. 王超, 林志辉, 陈贻胜. 益生菌联合乳果糖治疗肝性脑病的疗效观察[J]. 中国微生态学杂志, 2014（12）: 1425—1427.

54. 郭霄, 张勇, 郭建林, 孙天松. Ⅱ型糖尿病与肠道菌群及益生菌的相关性研究进展[J]. 中国乳品工业, 2013（8）: 48—51.

55. 张家超, 郭壮, 孙志宏, 等. 益生菌对肠道菌群的影响[J]. 中国食品学报, 2011（9）: 58—68.

56. 赫军, 蔡东联. 肠益生菌临床应用新进展[J]. 氨基酸和生物资源, 2011（1）: 67—70.

57. 李志川, 郑跃杰. 肠道菌群及免疫[J]. 中国实用儿科杂志, 2010（7）: 507—510.

58. 王春敏, 李丽秋. 人体肠道正常菌群的研究进展[J]. 中国微生态学杂志, 2010（8）: 760—762.

59. 刘厚钰, 石虹. 肝性脑病发病机制的新进展[J]. 现代消化及介入诊疗, 2009（2）: 92—94.

60. 王文建, 郑跃杰. 国内益生菌制剂临床应用状况分析[J]. 中国微生态学杂志, 2009（1）: 70—74.

61. 穆小萍，张德纯．双歧杆菌的免疫调节作用研究现状与展望[J]．中国微生态学杂志，2007（1）：109—111.

62. 张炳华，孙艳玲．两歧双歧杆菌对鼠伤寒沙门菌感染小鼠TNF-α水平的影响[J]．中国现代医学杂志，2007（10）：1204—1207.

63. 孙艳玲，张炳华．两歧双歧杆菌对鼠伤寒感染小鼠模型的生物治疗作用[J]．新疆医科大学学报，2006（6）：483—484.

64. 范丽平，刘飞，霍贵成．嗜热链球菌胞外多糖的结构生物合成与遗传调控[J]．中国乳品工业，2005（11）：42—45.

65. 王伟岸，胡品津．益生菌和肠易激综合征[J]．世界华人消化杂志，2004（1）：172—176.

66. 杨海燕．乳双歧杆菌Bi-07：关爱健康的超级利器[J]．食品工业科技，2010（9）：39.

67. 蔡玟，崔岸，黄琼，等．摄入含嗜酸乳杆菌NCFM和乳双歧杆菌Bi-07的益生菌补充剂增强免疫功能的动物实验研究[J]．中国微生态学杂志，2008（1）：17—19.

68. 金苏，蔡东．评估丹尼斯克乳双歧杆菌Bi-07及嗜酸乳杆菌NCFM对人体肠道消化系统微生态环境改善功效的研究[J]．中华疾病控制杂志，2010（2）：169—171.

69. 张艳杰，张赟彬，魏蒙月．Bi-07营养蛋白质粉稳定性的研究[J]．中国乳品工业，2016（8）：26—28，51.

70. 范瑞娟．复方嗜酸乳杆菌片联合奥美拉唑肠溶片治疗急性肠胃炎的临床疗效[J]．临床医学研究与实践，2018（9）：30—31.

71. 颜玲．复方嗜酸乳杆菌片联合奥美拉唑肠溶片在急性肠胃炎中的治疗效果及预后研究[J]．系统医学，2018（9）：167—168，171.

72. 高映，王芳军，刘鹏飞，等．复方嗜酸乳杆菌片在提高首次根治失败的幽门螺杆菌感染的再次根治率中的作用[J]．胃肠病学和肝病学杂志，2014（8）：892—895.